U0288294

"十二五"普通高等教育本科国家级规划教材

住房城乡建设部土建类学科专业"十三五"规划教材

高校建筑学专业指导委员会规划推荐教材

# 建筑制图

## （第三版）

# ARCHITECTURE
# GRAPHICS

浙江大学　金　方　编著

中国建筑工业出版社

**图书在版编目（CIP）数据**

建筑制图/金方编著. —3 版. —北京：中国建筑工业出版社，2018.7（2024.6 重印）
"十二五"普通高等教育本科国家级规划教材. 住房城乡建设部土建类学科专业"十三五"规划教材. 高校建筑学专业指导委员会规划推荐教材
ISBN 978-7-112-22332-9

Ⅰ. ①建… Ⅱ. ①金… Ⅲ. ①建筑制图-高等学校-教材 Ⅳ. ①TU204

中国版本图书馆 CIP 数据核字（2018）第 123603 号

责任编辑：王　惠　陈　桦
责任校对：焦　乐

本书内容包括建立在投影概念基础之上的画法几何基本内容；建筑图的基本制图规范；轴测图、透视图的绘制原理及在建筑表达上的应用；阴影的作法及应用等。可作为高等院校建筑学专业的教材或参考书。

本书设有 QQ 交流群（784300948），教师可实名（学校和姓名）加群。

为了更好地支持相应课程的教学，我们向采用本书作为教材的教师提供课件，有需要者可与出版社联系。

建工书院：http://edu.cabplink.com
邮箱：jckj@cabp.com.cn　电话：(010) 58337285

"十二五"普通高等教育本科国家级规划教材
住房城乡建设部土建类学科专业"十三五"规划教材
高校建筑学专业指导委员会规划推荐教材

**建筑制图（第三版）**

浙江大学　金　方　编著

＊

中国建筑工业出版社出版、发行（北京海淀三里河路 9 号）
各地新华书店、建筑书店经销
霸州市顺浩图文科技发展有限公司制版
建工社（河北）印刷有限公司印刷

＊

开本：787×1092 毫米　横 1/16　印张：14½　字数：333 千字
2018 年 9 月第三版　2024 年 6 月第三十次印刷
定价：**35.00** 元（赠教师课件）
ISBN 978-7-112-22332-9
（32200）

# 第三版前言

建筑制图是建筑学教学中非常重要的一门基础课。初学者可以通过这门课程的学习，训练三维空间的想象能力和表达能力，逐步建立起建筑表达的基本概念。本书内容包括建立在投影概念基础之上的画法几何基本内容；建筑图的基本制图规范；轴测图、透视图的绘制原理及在建筑表达上的应用；阴影的作法及应用等。

第三版修订的主要内容包括：对原书第5章透视图第4节进行了修订，强化了透视简法的实际运用，并强调了透视角度的选择以避免失真的重要性和具体方法，希望学生可以较容易地掌握这种实用的作图方法，用于快速表达设计构思。对第6章阴影进行了较大幅度修改，替换并增加了在透视图和建筑图中添加阴影的例题，目的是使学生掌握一些典型构件的阴影形态特征，以便在建筑表达中运用自如。

虽尽力查错补缺，但书中难免存在错误，恳请广大读者批评指正。

感谢浙江大学建筑系对课程教学和教材写作的支持！感谢我的学生们，是他们旺盛的求知欲给了我不断思索教学方法的动力！最后，特别感谢本书编辑王惠女士为本书付出的努力和耐心，在此表示深深的谢意！

金方

2018 年 5 月　于求是园

# 第一版前言

　　人们用来交流思想的工具是语言，建筑师用来交流思想的工具是图。在整个建筑设计、建造过程中图纸充当了传达设计意图的媒介，而制图本身就是设计过程中不可分割的一部分。

　　在复杂的设计过程中，建筑师要绘制大量的图，包括建筑图（平面、立面、剖面）、轴测图、透视图等，从最初的概念草图到最终的正图。画这些图的目的是为了将建筑师头脑中的建筑形象逐步表达出来，一方面帮助自己思考，另一方面使其他人可以借此了解自己的设计意图。而向初学者介绍绘制这些图的基本原理、技巧和方法正是本书的目的所在。

　　本书内容包括建立在投影概念基础之上的画法几何基本内容，建筑图的基本制图规范，轴测图、透视图的绘制原理及在建筑表达上的应用，阴影的作法及应用等。

　　希望通过本书帮助初学者建立起建筑空间表达的基本概念，提高空间想象能力和表达能力。

　　本书得到了浙江大学建筑系许多教师和学生的帮助，这里要感谢系主任卜菁华教授和王竹教授的大力支持；陈帆、吴璟、李效军、高峻老师为本书提供了多幅插图的素材，颜晓强同学作了大量的插图整理工作，在此表示深深的谢意；还要感谢丁承朴教授、张涛、王洁老师和冯志荣、李澍田、马桢同学为本书提供的帮助。特别感谢编辑陈桦女士为本书所付出的巨大努力和耐心，最后，感谢我的父母金君恒先生和刘桂芝女士，没有他们的支持是无法完成此书的。

金方

2004 年 10 月　于求是园

# 目　　录

# 制图工具及使用方法

## 1）铅笔

制图中通常使用两种铅笔——绘图铅笔和自动铅笔。

（1）绘图铅笔（图 0-1）：

图 0-1

专用的绘图铅笔有不同的硬度，HB 为中等硬度，从 6H～H 为硬铅，从 B～6B 为软铅，应根据所用的纸张和表达需要来选择。一般选择 3H～H 铅笔打底稿，HB～B 铅笔画正图；草图一般选择较软的铅笔画，如 2B～6B。

（2）自动铅笔（图 0-2）：

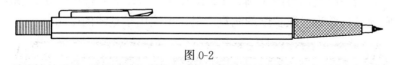

图 0-2

应选用绘图专用的自动铅笔和铅芯，这类铅芯除了硬度不同，尚有不同的粗细可选。

• 笔与尺边的关系：

绘图时，笔应基本垂直纸面，略微向人的身体方向倾斜，笔尖与尺边之间保持一个很小的缝隙（图0-3）。

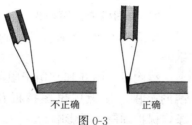

不正确　　　正确

图 0-3

## 2）针管笔（图 0-4）

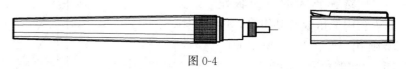

图 0-4

针管笔有不同的粗细，0.13、0.18、……0.8、1.0mm 等。绘图时，应使笔杆垂直于纸面，以避免笔针弯曲变形。准备至少 3 种不同粗细的针管笔，如：0.18、0.25、0.35mm，以备画出不同粗细的线。

应选用黑色绘图墨水进行绘图，针管笔用完后要及时盖紧笔帽，以免墨水发干，影响出水。长期不用时，应洗净笔头后保存。

## 3）丁字尺（图 0-5）

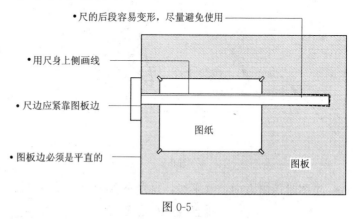

• 尺的后段容易变形，尽量避免使用

• 用尺身上侧画线

• 尺边应紧靠图板边

图纸

• 图板边必须是平直的

图板

图 0-5

- 丁字尺只用于画水平线，不能用丁字尺画垂直线，因为图板两侧边未必相互垂直
- 不能用丁字尺下边画线，因为丁字尺上下两边不一定平行
- 不能用丁字尺上边裁纸，以免损坏

**4）三角板**（图0-6）

应选择较大的三角板作图，利用三角板及其组合，可以画出 15°、30°、45°、60°、75°、90°的角度（图0-7）。

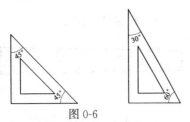

图 0-6

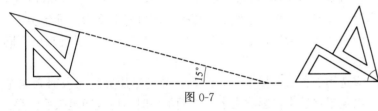

图 0-7

- 绘图时，铅笔与纸面保持45°～60°，同时应转动铅笔（图0-8）。

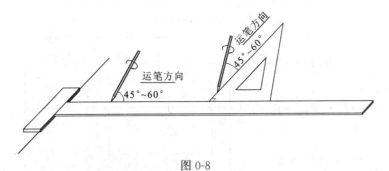

图 0-8

- 绘图时运笔方向：水平线：自左至右。
  
  　　　　　　　垂直线：自下至上。

**5）曲线板、模板**（图0-9、图0-10）

除了曲线板，还可以买到各种各样的模板，画曲线、椭圆、圆或洁具时可以使用它们。

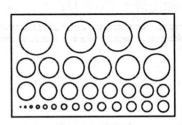

图 0-9　曲线板　　　　　图 0-10　圆模板

**6）比例尺**（图0-11）

比例尺上的常用比例为 1∶100、1∶200、1∶300……1∶600，比例尺只作为量取长度的测量工具，不能用于直线的绘制。

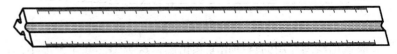

图 0-11　比例尺

**7）绘图橡皮、擦线板**

使用专用的绘图橡皮，避免擦伤纸面。

擦线板（图0-12）用于限制橡皮擦线的范围，使橡皮仅擦掉板孔内的线条，保护周围不受影响。

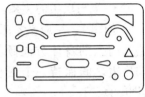

图 0-12　擦线板

**8）圆规**（图 0-13～图 0-15）

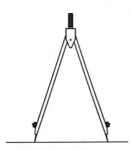

分规用于量取尺寸

图 0-13

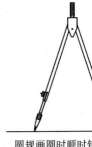

圆规画圆时顺时针方向旋转

图 0-14

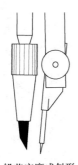

铅芯应磨成斜形，
针尖应稍长于笔尖

图 0-15

**9）纸**

用于绘图的纸张品种非常多，可根据不同需要来选择。

一般画草图用拷贝纸或硫酸纸（半透明）；

铅笔正图用绘图纸；

墨线正图用绘图纸或卡纸；

应选择质地较硬，表面平整、光滑的绘图纸。

图幅大小：

A0：1189mm×841mm

A1：841mm×594mm

A2：594mm×420mm

A3：420mm×297mm

A4：297mm×210mm

各种图幅之间的尺寸关系见图 0-16。

A1
A2
A3
A4
A4

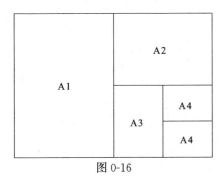

图 0-16

**10）线条**

线条的种类（图 0-17）：

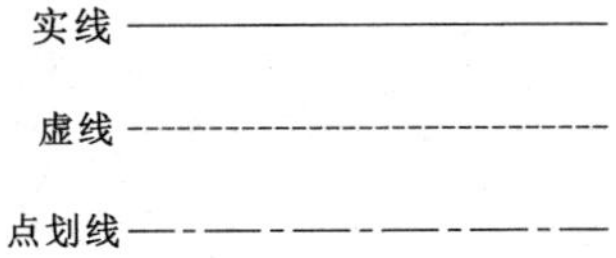

实线
虚线
点划线

图 0-17

- 线条的粗细（图 0-18）：

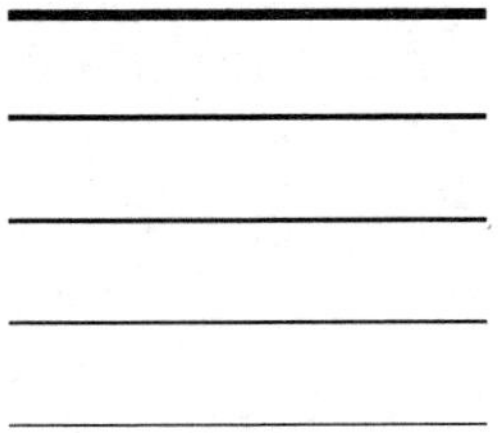

图 0-18

- 两线相交的画法（图 0-19）：

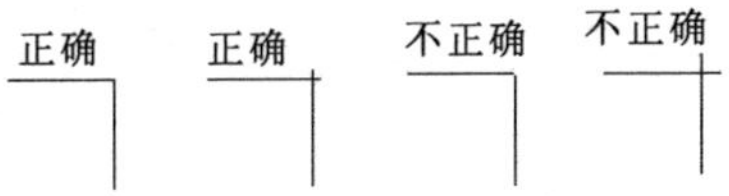

正确
正确
不正确
不正确

图 0-19

# 第 1 章 投　　影

阿尔布雷希特·丢勒（Albrecht Durer）的版画

投影的概念源自生活。投影是将实际物体的形象
在图纸上描画下来的一种方法，是工程制图的基础。

## 1.1 投影的意义和体系

### 1) 投影的意义

投影是人们为了在二维的画面上描述空间中的三维物体，从日常生活中总结出的一种方法。假设在物体和人的眼睛之间放置一个透明的平面，当观察物体时，眼睛与物体上的每一点的连线都会与透明平面相交，若将这些交点描画下来，则可以得到物体的一个影像，这个过程就称为投影。透明平面称为投影面，眼睛与物体上点的连线称为投射线，所得到的图像也称为投影，得到投影的方法称为投影法。

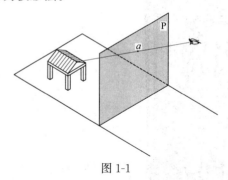

图 1-1

如图 1-1 所示，过物体上任意一点 $A$ 的投射线与投影面 P 的交点 $a$ 称为该点在该投影面上的投影，即点 $A$ 在投影面 P 上的投影是点 $a$。因此，投影的意义是指空间中的某一点与它在某一平面上的影像间的对应关系。

决定投影的三要素是：投射线、投影面和物体。这三者及其相互间的关系不同，就形成不同的投影法；同一物体用不同的投影法进行投影，所得到的投影也不同。

### 2) 投影体系

我们先列出各种投影法和由此导出的各种投影类型，以及实际应用于建筑设计的各种表示法，之后我们将会具体探讨这些内容。实际上，表 1-1 和图 1-2 已经基本涵盖了建筑制图的所有内容。

**投影体系**        表 1-1

| | 投 影 法 | 投影类型 | 表 示 法 | |
|---|---|---|---|---|
| 投 影 | 中心投影（法） | 透视投影 | 一点透视 两点透视 三点透视 | 透视图 |
| | 斜投影（法） | 斜轴测投影 | 正面斜轴测 水平斜轴测 | 轴测图 |
| | 平行投影（法） | 正投影（法） | 正轴测投影 | 正等测 正二测 正三测 | |
| | | | 多面正投影 | 多面视图 | 平面图 立面图 剖面图 | 建筑图 |
| | | | 标高投影 | 地形图 | |

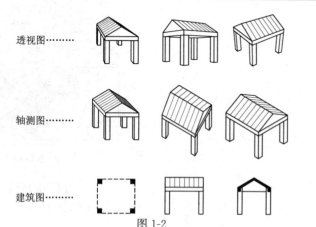

透视图·········

轴测图·········

建筑图·········

图 1-2

## 1.2 投影法分类

根据投射线之间是否相互平行，我们可以将投影分为中心投影和平行投影。

**1）中心投影**

投射线从一点出发，这一点称为投射中心，这种投影方法称为中心投影法，得到的投影称为中心投影（图1-3），也称透视投影。

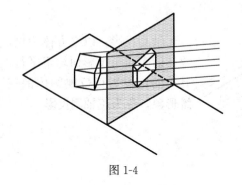

斜投影：投射线与投影面倾斜相交的平行投影法称为斜投影法，根据斜投影法所得的投影称为斜投影。

图1-4

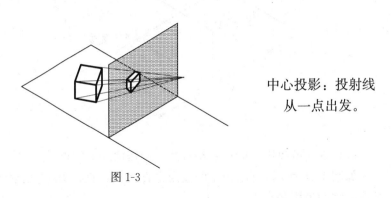

中心投影：投射线从一点出发。

图1-3

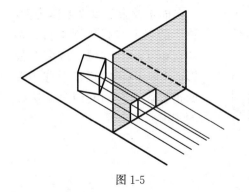

正投影：投射线与投影面垂直相交的平行投影法称为正投影法，根据正投影法所得的投影称为正投影。

图1-5

**2）平行投影**

投射线相互平行的投影方法称为平行投影法，得到的投影称为平行投影。平行投影可以视为中心投影的特殊情况，即投影中心在无穷远处。

根据投射线与投影面是否垂直，平行投影又可分为斜投影（图1-4）和正投影（图1-5）。

**3）正投影**

投射线与投影面垂直相交的平行投影法为正投影法，根据正投影法所得的投影称为正投影。正投影是平行投影的特殊情况。

正投影包括正轴测投影（图1-6）、多面正投影（图1-7）和标高投影（图1-8）。

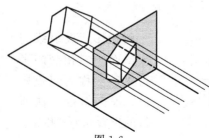

图 1-6

正轴测投影：以立方体为例，物体的表面与投影面均不平行，其单面正投影可反映物体的三维形象，称为正轴测投影。

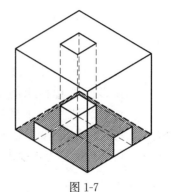

图 1-7

多面正投影：以立方体为例，物体的表面与投影面平行。物体在相互垂直的两个或多个投影面上所得到的正投影称为多面正投影，它们共同表达物体的三维形象。

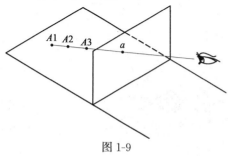

标高投影：一种用于表达地形的单面正投影，将地面的等高线正投影在水平的投影面上，并标注每一条等高线的高程数值。

图 1-8

## 1.3 投影的特点

### 1）投影的特点

（1）点的投影是点。在投影三要素确定的情况下，空间中的每一个点有且仅有一个投影。但点的一个投影并不能确定点的空间位置。

如图 1-9 所示，点 $A1$ 的投影是 $a$；点 $A2$、$A3$ 的投影也是 $a$。而且在投射线上所有点的投影都是 $a$。

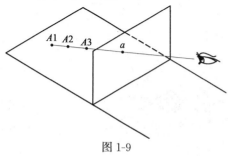

图 1-9

（2）直线的投影一般仍然是直线，特殊情况下为点。

如图 1-10 所示，直线 $L1$ 的投影是直线 $l1$；直线 $L2$ 与投射线重合，它的投影是点 $l2$。

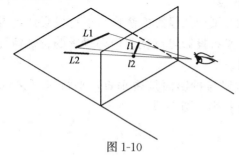

图 1-10

（3）直线上点的投影仍然在直线的投影上。

如图1-11所示，点 $A$ 在直线 $L$ 上，点 $A$ 的投影 $a$ 也在直线 $L$ 的投影 $l$ 上。

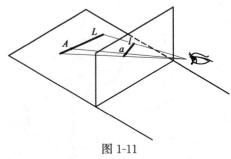

图1-11

**2）平行投影的特点**

（1）相互平行的直线，其平行投影仍相互平行，且投影的长度之比等于原直线的长度之比。

如图1-12所示，直线 $AB /\!/ CD$，因为投射线 $Aa /\!/ Bb /\!/ Cc /\!/ Dd$，所以平面 $ABba /\!/$ 平面 $CDdc$，则它们与投影面的交线 $ab /\!/ cd$。

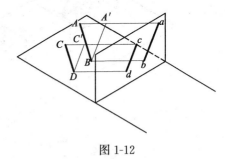

图1-12

过点 $B$ 作 $ab$ 的平行线与 $Aa$ 相交于 $A'$，过点 $D$ 作 $cd$ 的平行线

与 $Cc$ 相交于 $C'$，则 $A'B /\!/ C'D$，$\triangle ABA' \backsim \triangle CDC'$；所以 $\dfrac{A'B}{C'D} = \dfrac{AB}{CD}$。

又因为 $A'Bba$ 和 $C'Ddc$ 是平行四边形，则 $A'B = ab$，$C'D = cd$，所以 $\dfrac{ab}{cd} = \dfrac{AB}{CD}$。

（2）平行于投影面的直线，其平行投影与原直线平行等长；平行于投影面的平面，其平行投影与原平面完全相同。

如图1-13所示，直线 $AD$ 与投影面平行，又投射线 $Aa /\!/ Dd$，则四边形 $ADda$ 是平行四边形，所以 $ad /\!/ AD$ 且 $ad = AD$；平面 $ABCD$ 与投影面平行，则直线 $AB$、$BC$、$CD$、$DA$ 均与投影面平行，所以四边形 $abcd$ 与四边形 $ABCD$ 的对应边均相互平行且等长。

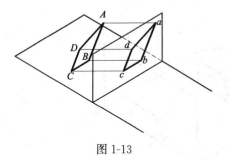

图1-13

**3）正投影的特点**

（1）与投影面平行的直线，其正投影与原直线平行且等长（图1-14）。

（2）与投影面垂直的直线，其正投影积聚为一点（图1-15）。

（3）与投影面倾斜的直线，其正投影为直线但长度比原直线缩短（图1-16）。

（4）与投影面平行的平面，其正投影与原平面平行且形状完全相同（图1-17）。

（5）与投影面垂直的平面，其正投影积聚为一直线（图1-18）。

（6）与投影面倾斜的平面，其正投影为平面但形状改变，面积缩小（图1-19）。

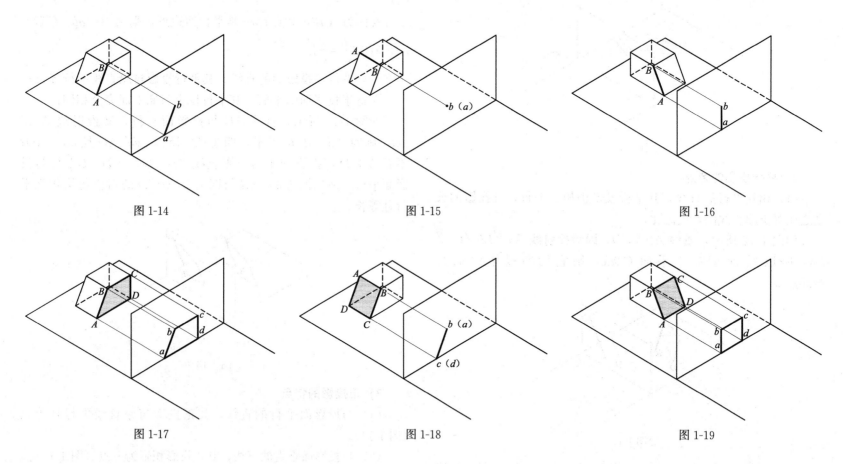

图1-14 图1-15 图1-16

图1-17 图1-18 图1-19

# 第2章 视　图

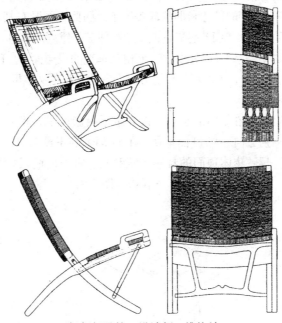

轻便折叠椅　设计师：维格纳

多面正投影图也称为视图，它反映了物体上与投影面平行的所有面的真实形状和尺寸。若想把握物体的全貌，必须设立足够多的投影面。一般较简单的小型几何体，用三视图即可；较复杂的形体可用六面视图表达，必要时可画出剖切视图。

## 2.1 三视图的生成

根据正投影的性质：与投影面平行的平面，正投影与原形完全相同。我们若设立与物体上的某些表面平行的投影面进行正投影，就可以得到精确反映物体上这些表面的真实形状和尺寸的正投影图，这样的正投影图也称为视图。视图虽能准确反映与其平行的直线和平面，但却无法反映与其垂直的直线和平面，与其垂直的直线积聚为点，与其垂直的平面积聚为直线。也就是说通过正投影，三维的物体转变为二维的视图，其中两个维度的尺寸和形状被精确保留了下来，第三个维度的尺寸和形状却丧失了。因此视图既有其最大的优点——精确反映物体的某些尺寸，也有其最大的缺点——丧失了三维的形象。也正因如此，我们若想表达或了解物体三个维度的信息，就需要从不同投射方向进行投影的多个视图，也即多面正投影图。那么，如何建立这些投影面呢？我们可以先设立三个相互垂直的投影面 F、H、S；投射线的方向与投影面垂直，分别用小写的英文字母 a、b、c 表示，在投影面上所得的正投影，可以用与投射方向一致的大写英文字母 A、B、C 表示，也可用以投影面命名的"某投影"，或以观察方向命名的"某视图"来表示。

在物体的正前方设立铅垂投影面 F，投射方向 a 与 F 面垂直，在 F 面上的正投影 A 反映物体正面的真实形状和长、高方向的尺寸，称为正视图或 F 投影（图 2-1）。

在物体的正上方设立水平投影面 H，投射方向 b 与 H 面垂直，在 H 面上的正投影 B 反映物体顶面的真实形状和长、宽方向的尺寸，称为俯视图或 H 投影（图 2-2）。

在物体的左侧面设立铅垂投影面 S，投射方向 c 与 S 面垂直，在 S 面上的正投影 C 反映物体左侧面的真实形状和宽、高方向的尺寸，称为左视图或 S 投影（图 2-3）。

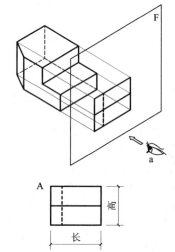

图 2-1

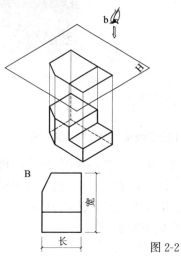

图 2-2

图 2-3

这三个相互垂直的投影面上的投影是各自独立的二维视图，但相互间又存在着内在的联系，因为它们反映的是同一个物体不同方面的信息。

若以一定的方式表明它们之间的对应关系，则可将它们结合在一起，共同表达物体的三维全貌（图2-4）。

F、H、S投影面两两之间的交线称为投影轴，分别记作 $x$、$y$、$z$，称为横轴、纵轴、高轴。为将三个视图同时表达出来，假设将 H 投影面以 $x$ 为轴旋转90°，与 F 投影面相重合；将 S 投影面以 $z$ 为轴旋转90°，也与 F 投影面相重合；则三个投影就共处于同一个平面内了，并且它们之间保持了一定的对应关系（长对正，

高平齐，宽相等），称为三视图（图2-5）。投影面展开后，纵轴 $y$ 分为两条，分别记作 $y$ 和 $y'$。三条投影轴的交点记作 $O$。连接空间中同一点的任意两个投影的直线称为投影连线。H 与 F 投影的投影连线与 $x$ 轴垂直，F 与 S 投影的投影连线与 $z$ 轴垂直，由于 $y$ 分为两条，H 与 S 投影的投影连线可以通过圆弧线或45°线转换，分别与 $y$、$y'$ 轴垂直。三视图中，顺着投射线的投射方向观察，可以直接看到的投影线称为可见线，用实线绘制；不能直接看到的投影线称为不可见线，用虚线绘制。投影本身不论是实线还是虚线，都用较粗的线画出，而投影连线用细线画出，以示区别（图2-6）。

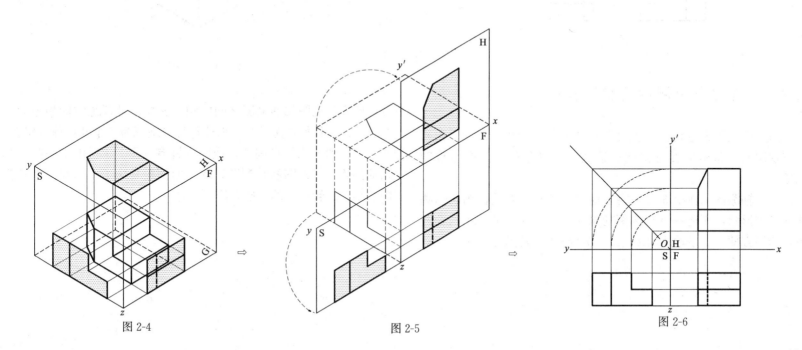

图2-4　　　　　　　　图2-5　　　　　　　　图2-6

13

我们研究物体的投影时，关注的是投影本身，因此投影轴没有正负方向；物体到投影面的相对距离，并不影响投影本身，因此投影轴和投影连线也可以不画，但三个视图间位置的对应关系不变（图2-7）。

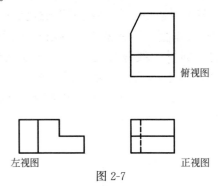

俯视图

左视图　　　　　　　正视图

图 2-7

## 2.2　三视图与轴测图的相互转换

由于用视图表达物体时丧失了物体的三维形象。因此，在研究三视图时，常常需要画出能表达其三维形象的轴测图来帮助想象。

关于轴测图，在第5章中将有详细的阐述，在此仅为表达物体的三维形象，简述一种轴测图的画法：正等测是最常用的轴测图，绘制方便。三条轴测轴 $x$、$y$、$z$ 分别对应三个投影轴 $x$、$y$、$z$，

且它们之间的夹角均为120°，空间中与三个轴平行的直线在轴测图中仍平行于原来的轴线，长度等于原长，可以在轴测图中直接量取；空间中与三个轴都不平行的直线（斜线），长度不可直接量取，可通过确定斜线的两个端点画出斜线（图2-8）。

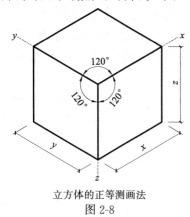

立方体的正等测画法
图 2-8

研究三视图与轴测图之间的相互转换，是训练空间想象力的有效手段。任何复杂的几何形体都可以理解为基本几何体的组合，或经过叠加，或经过削切，或两者皆有。图2-9列出了一些基本几何形体的三视图和轴测图，后面的例题是为了说明在思考三视图和轴测图转换中的一些方法。

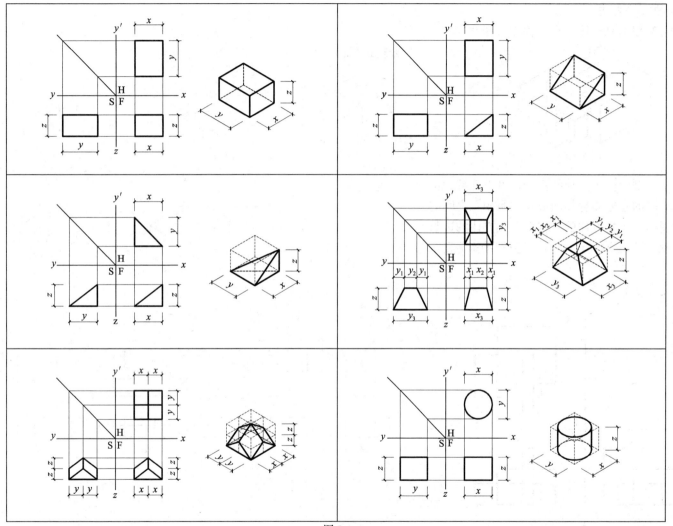

图 2-9

## 1）体块叠加的方法

**【例题 2-1】** 根据轴测图画出三视图（图 2-10）。

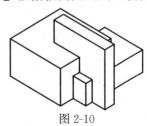

图 2-10

这是一个典型的体块叠加的例子。可以理解为由三块长宽比不同的立方体叠加而成，按照相互之间的位置，逐个画出每个立方体的三视图。立方体的边长可直接在轴测图上量取。注意不可见线用虚线表示（图 2-11）。

解答：见图 2-12。

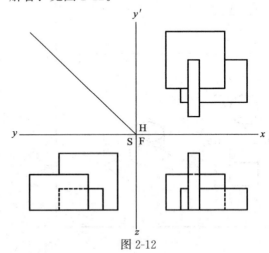

图 2-12

分析过程：

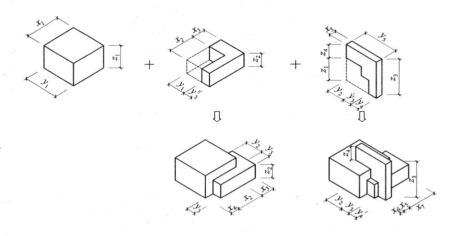

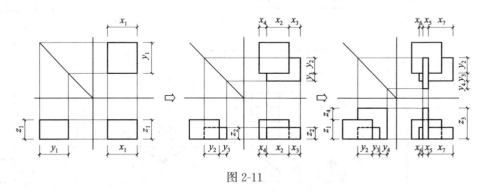

图 2-11

## 2）体块削减的方法

**【例题 2-2】**根据轴测图画出三视图（图 2-13）。

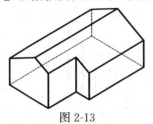

图 2-13

这是一个典型的体块削减的例子。可以理解为由一个立方体经两次削减而成。首先画出立方体的三视图，再逐步画出削减的体块形状，擦去已经不存在的线。注意不可见线用虚线表示（图 2-14）。

解答：见图 2-15。

分析过程：

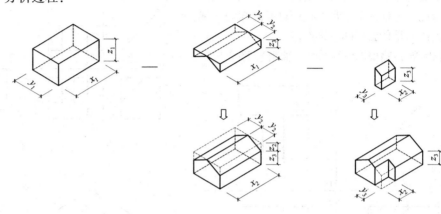

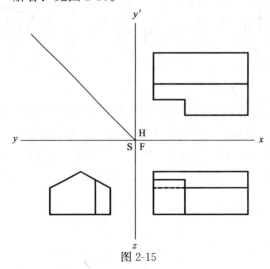

图 2-15

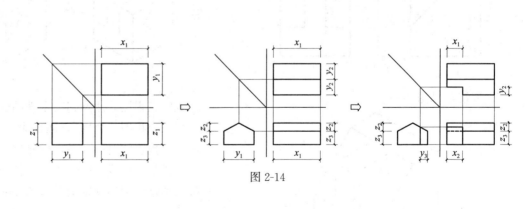

图 2-14

### 3) "合拢"的方法

三视图的生成是一个将 H、F、S 三个投影面所组成的方盒子"打开"的过程，那么，相反的"合拢"过程则可以帮助我们思考已知的三视图所表达的是什么样的三维形体。

**【例题 2-3】**根据三视图画出轴测图（图 2-16）。

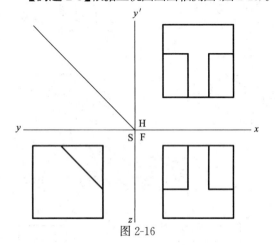

图 2-16

解答：见图 2-18。

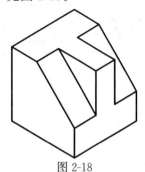

图 2-18

分析过程：

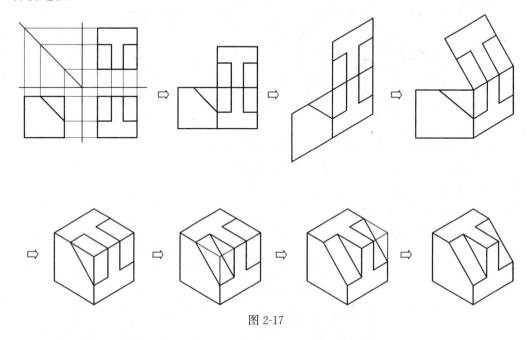

图 2-17

观察三视图，注意到三个视图的外轮廓均为正方形，猜想形体是由立方体削减而成。将三个视图"合拢"，回复为一个立方体。观察各个面上的投影，尤其是相邻两个投影面上投影的对应关系，推测这些投影产生的可能性，尝试进行局部的削减，看能否同时满足三个投影的产生。当你所进行的削减使得三个投影同时成立时，就得到了正确表达这一形体的轴测图（图 2-17）。

### 4)"搭建"的方法

任何三维形体都可以看成是由一些面围合而成,因此仔细分析三个视图中线、面之间的对应关系,根据正投影的规律,去判断这些线、面是什么形状、处于什么位置,将它们还原到三维空间中,就可以"搭建"出这一形体。

**【例题 2-4】**根据三视图画出轴测图(图 2-19)。

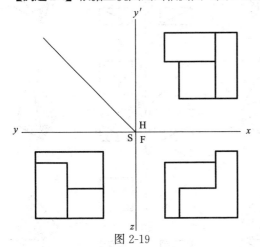

图 2-19

解答:见图 2-21。

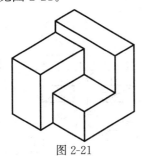

图 2-21

分析过程:

 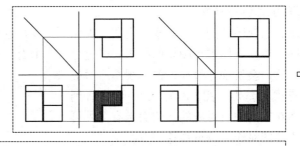 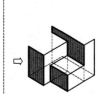

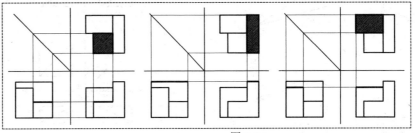 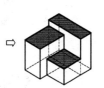

图 2-20

观察三视图,先将 H 投影放在地面上(画轴测图),作为"搭建"的尺寸依据。再分析 F 视图上的两个"L"形线框,尝试在 H、S 视图上寻找可与其相对应的投影,没有发现类似形状的线框,推测它们可能是两个正平面,在 H、S 视图均积聚为直线,果然找到两条长度可以对应的直线,在轴测图相应位置画出这两个面;然后,用同样的方法,分析 S 视图上的三个线框和 H 视图上的三个线框,并在轴测图上画出它们,最终可"搭建"出这一形体(图 2-20)。

### 5）考虑投影的多种可能性

这是一个研究三视图的例子。观察三视图，外轮廓暗示着是对同一个立方体进行削切的结果。经过分析，得到轴测图后，会发现十分相似的三视图所对应的几何形体却有很大差别（图2-22）。从中可以看到视图上的线和面在空间中所对应的线或面是有多种可能性的，在分析视图时应十分重视这一点。

如图 2-23 所示，H 视图中的一条对角线有可能是立方体上下表面的对角线，也有可能是立方体两条对角线中的一条，还有可能是立方体沿对角线的一个面。而 H 视图中的一个三角形的面更是有空间中多个面与之对应。

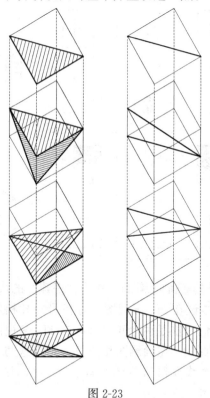

图 2-23

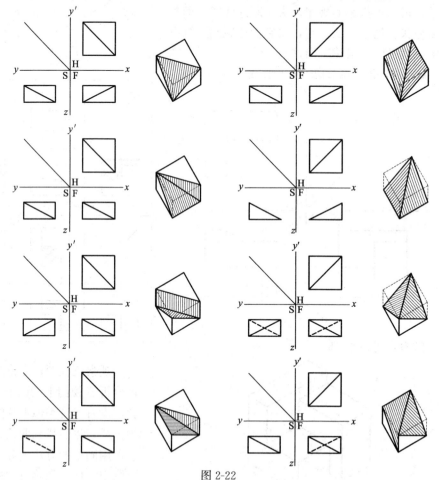

图 2-22

## 2.3 点、直线和平面

空间中虽不存在孤立的点、线、面，但在建筑形体上我们确实可以看到：体的外表由面包围着，面与面相遇的地方形成了线，线与线相交处就是点。在上一节的学习中，我们也会发现无论采用何种方法，分析组成形体的几何元素——点、线、面的各个投影相互之间的对应关系，是至关重要的。因此有必要对这些几何要素的投影特点和相互关系作进一步研究。首先来研究点、直线和平面的多面正投影规律。

### 2.3.1 点

点是空间形体中最基本的元素。点没有大小，只有在空间中的位置。在图上我们可以用涂黑的小圆圈或两线相交来表示点。

**1) 点的正投影**

如图 2-24 所示，点 $A$ 的位置由该点到三个投影面的距离确定。作点 $A$ 在三个投影面上的正投影。

点 $A$ 的 H 投影记作 $A_h$，点 $A$ 的 F 投影记作 $A_f$ 点 $A$ 的 S 投影记作 $A_s$。

$AA_h$、$AA_f$、$AA_s$ 为投射线，两投射线决定的平面称为投射面。投射面与投影轴 $x$、$y$、$z$ 的交点分别记作 $A_x$、$A_y$、$A_z$。

点 $A$ 到 H 面的距离等于 $OA_z$，点 $A$ 到 F 面的距离等于 $OA_y$，点 $A$ 到 S 面的距离等于 $OA_x$，因此，点 $A$ 的空间位置可以由 $A_x$、$A_y$、$A_z$ 三点确定。

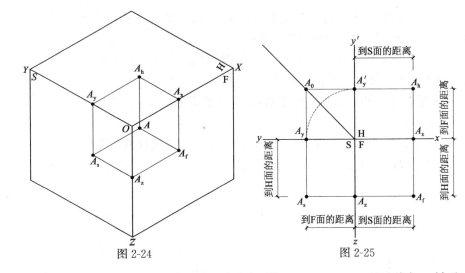

图 2-24　　　　　　　　图 2-25

将 H、S 投影面展开，得到点 $A$ 的三视图（图 2-25）。$A_h$、$A_f$ 的连线与 $x$ 轴垂直，交点为 $A_x$；$A_f$、$A_s$ 的连线与 $z$ 轴垂直，交点为 $A_z$；$A_h$ 与 $A_s$ 之间的联系，由垂直于 $y$ 轴的 $A_sA_y$ 与垂直于 $y'$ 的 $A_hA_y'$，以及以 $O$ 为圆心两端点为 $A_y$、$A_y'$ 的圆弧线建立。圆弧线也可由折线 $A_yA_0A_y'$ 代替，$A_0$ 位于 $y$ 轴与 $y'$ 轴夹角的平分线上。可以看出：

点 $A$ 的 H 投影 $A_h$ 由 $A_x$ 和 $A_y'$ 确定；点 $A$ 的 F 投影 $A_f$ 由 $A_x$ 和 $A_z$ 确定；点 $A$ 的 S 投影 $A_s$ 由 $A_y$ 和 $A_z$ 确定。

由此，我们得到点的三面投影性质：

（1）• 点的 H 投影与 F 投影的投影连线与 $x$ 轴垂直；

　　　• 点的 F 投影与 S 投影的投影连线与 $z$ 轴垂直；

　　　• 点的 H 投影到 $x$ 轴的距离等于 S 投影到 $z$ 轴的距离。

（2）点的两个正投影完全确定了点在空间中的位置。

因此给定点的任何两个正投影，可以作出其第三个正投影。

（3）• 点到 S 面的距离与该点的 H 投影到 $y'$ 轴的距离相等，也与该点的 F 投影到 $z$ 轴的距离相等；

• 点到 F 面的距离与该点的 H 投影到 $x$ 轴的距离相等，也与该点的 S 投影到 $z$ 轴的距离相等；

• 点到 H 面的距离与该点的 F 投影到 $x$ 轴的距离相等，也与该点的 S 投影到 $y$ 轴的距离相等。

**【例题 2-5】** 已知：点 $A$ 在 S、F 投影面上的投影 $A_s$、$A_f$（图 2-26）。

求：$A_h$。

解答：过 $A_f$ 作投影连线垂直于 $x$ 轴；过 $A_s$ 作投影连线垂直于 $y$ 轴，并经 45°线转折垂直于 $y'$ 轴；两投影连线相交得 $A_h$（图 2-27）。

再将 $A_x$ 与 $B_x$、$A_y$ 与 $B_y$、$A_z$ 与 $B_z$ 的位置关系画到轴测图上，并由此确定点 $B$ 的空间位置，完成轴测图（图 2-31）。

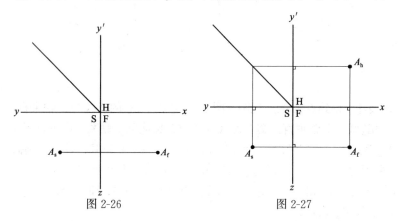

图 2-26　　　　　图 2-27

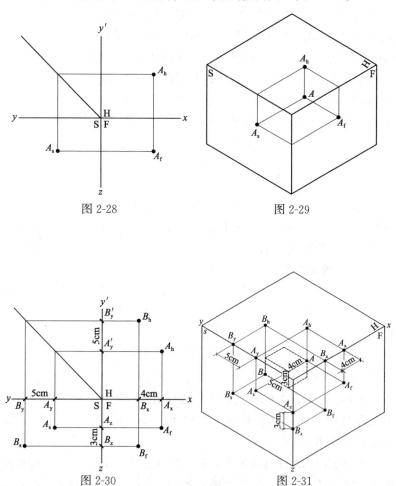

图 2-28　　　　　图 2-29

图 2-30　　　　　图 2-31

**【例题 2-6】** 已知：点 $A$ 的三面投影 $A_h$、$A_f$、$A_s$（图 2-28），且点 $B$ 距 H 面的距离比 $A$ 点远 3cm，距 F 面的距离比 $A$ 点远 5cm，距 S 面的距离比 $A$ 点近 4cm。

求：$B_h$、$B_f$、$B_s$ 并在轴测图（图 2-29）中作点 $B$。

解答：根据已知条件，在 $A_z$ 下方 3cm 处确定 $B_z$，在 $A_y$ 左侧 5cm 处确定 $B_y$，（或在 $A'_y$ 上方 5cm 处确定 $B'_y$），在 $A_x$ 左侧 4cm 处确定 $B_x$，根据 $B_x$、$B_y$、$B_z$ 作出点 $B$ 的三面投影 $B_h$、$B_f$、$B_s$（图 2-30）。

### 2）重影点

当空间中的两个点在垂直于某投影面的同一条直线上时，这两点在该投影面上的投影重合，这两个点就称为重影点。

如图 2-32、图 2-33 所示，在 F 投影上，$A$、$B$ 两点重影。顺着投射方向看，投射线先经过的点 $B$ 称为可见点，其投影记作 $B_f$，投射线后经过的点 $A$ 称为不可见点，其投影记作 $(A_f)$；在 S 投影上，$B$、$C$ 两点重影，投射线先经过的点 $B$ 称为可见点，其投影记作 $B_s$，投射线后经过的点 $C$ 称为不可见点，其投影记作 $(C_s)$。

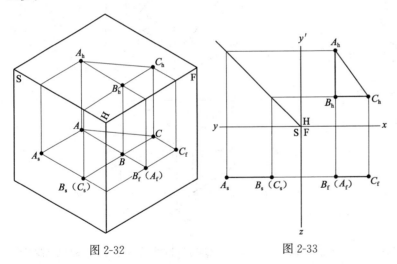

图 2-32        图 2-33

【例题 2-7】已知：四棱台的轴测图和三视图（图 2-34）。

求：在三视图上标注点 $A$、$B$、$C$、$D$、$E$、$F$、$G$、$H$ 的投影。

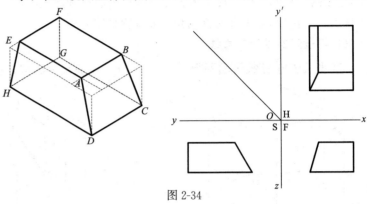

图 2-34

解答：如图 2-35 所示。

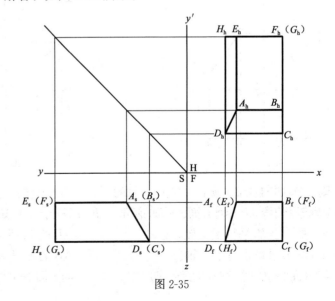

图 2-35

## 2.3.2 直线

在几何学意义上，直线是两端无限延伸，没有端点的。当我们研究直线的投影时，用线段的投影来表示直线。两点决定一条直线，因此连接两点在同一投影面上的投影，即可得直线在此投影面上的投影。根据直线与投影面的位置关系，可以将直线分为：与投影面平行的直线、与投影面垂直的直线和一般位置直线三类。

**1）与投影面平行的直线**

**直线 *AB* 与 H 投影面平行**

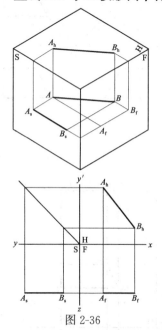

图 2-36

**直线 *AB* 与 F 投影面平行**

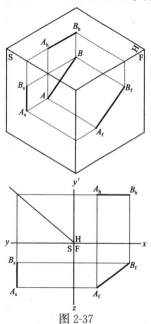

图 2-37

**直线 *AB* 与 S 投影面平行**

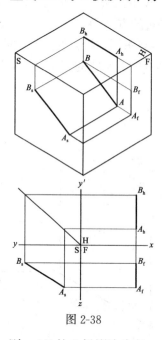

图 2-38

则：*AB* 的 H 投影为实长，与 $x$、$y'$轴的夹角分别等于直线 *AB* 相对 F 面、S 面的倾角；

　　*AB* 的 F 投影平行于 $x$ 轴；

　　*AB* 的 S 投影平行于 $y$ 轴。

　　与 H 面平行的直线称为水平线（图 2-36）。

则：*AB* 的 F 投影为实长，与 $x$、$z$ 轴的夹角分别等于直线 *AB* 相对 H 面、S 面的倾角；

　　*AB* 的 H 投影平行于 $x$ 轴；

　　*AB* 的 S 投影平行于 $z$ 轴。

　　与 F 面平行的直线称为正平线（图 2-37）。

则：*AB* 的 S 投影为实长，与 $z$、$y$ 轴的夹角分别等于直线 *AB* 相对 F 面、H 面的倾角；

　　*AB* 的 F 投影平行于 $z$ 轴；

　　*AB* 的 H 投影平行于 $y'$轴。

　　与 S 面平行的直线称为侧平线（图 2-38）。

## 2) 与投影面垂直的直线

### 直线 *AB* 与 H 投影面垂直

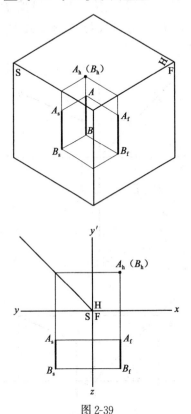

图 2-39

### 直线 *AB* 与 F 投影面垂直

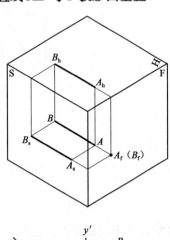

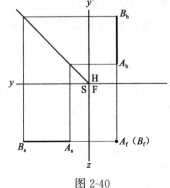

图 2-40

### 直线 *AB* 与 S 投影面垂直

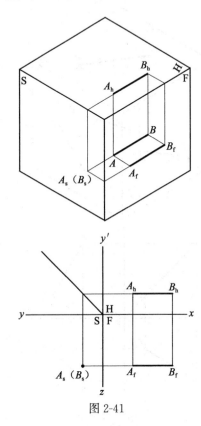

图 2-41

则：*AB* 的 H 投影积聚为一点；
*AB* 的 F 投影平行于 $z$ 轴，且为实长；
*AB* 的 S 投影平行于 $z$ 轴，且为实长。
与 H 面垂直的直线称为铅垂线（图 2-39）。

则：*AB* 的 F 投影积聚为一点；
*AB* 的 H 投影平行于 $y'$ 轴，且为实长；
*AB* 的 S 投影平行于 $y$ 轴，且为实长。
与 F 面垂直的直线称为正垂线（图 2-40）。

则：*AB* 的 S 投影积聚为一点；
*AB* 的 H 投影平行于 $x$ 轴，且为实长；
*AB* 的 F 投影平行于 $x$ 轴，且为实长。
与 S 面垂直的直线称为侧垂线（图 2-41）。

### 3) 一般位置直线
### 直线 *AB* 与 H、F、S 投影面均不平行

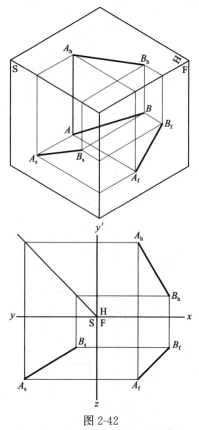

图 2-42

则：直线 *AB* 在 H、F、S 投影面上的投影均不平行于投影轴。

直线 *AB* 在 H、F、S 投影面上的投影长度均比实长短（图 2-42）。

【例题 2-8】已知：形体的三视图（图 2-43）。

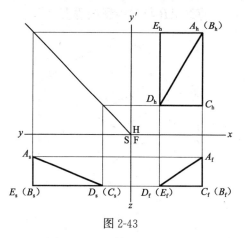

图 2-43

求：判断各直线与投影面的位置关系。

解答：如图，根据各直线三面投影的特点，可知：

直线 *BC*、*CD*、*DE*、*BE* 为水平线；

直线 *AB*、*CD*、*AE*、*BE* 为正平线；

直线 *DE*、*AB*、*BC*、*AC* 为侧平线；

直线 *AB* 为铅垂线；

直线 *BC*、*DE* 为正垂线；

直线 *BE*、*CD* 为侧垂线；

直线 *AD* 为一般位置直线。

【例题 2-9】已知：直线 *AB* 的 H 投影，和点 A 的 F、S 投影，且点 B 距 H 面的距离为 8cm（图 2-44）。

求：直线 *AB* 的 F、S 投影。

解答：在 F 投影上，距 $x$ 轴 8cm 处作直线平行于 $x$ 轴，过 $B_h$ 作投影连线垂直于 $x$ 轴，两线交点为 $B_f$。根据 $B_h$ 和 $B_f$，作 $B_s$，分别连接 $A_f B_f$、$A_s B_s$（图 2-45）。

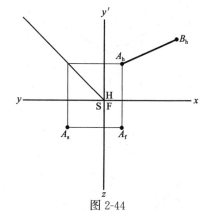

图 2-44

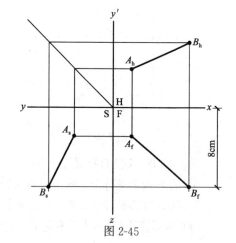

图 2-45

**【例题 2-10】** 已知：空间中一点 A 的三面投影（图 2-46）。

求：过 A 点作一水平线 AB 和一铅垂线 AC。

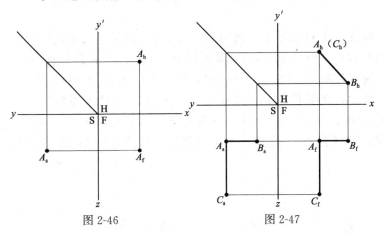

图 2-46    图 2-47

解答：先在 H 投影面，过 $A_h$ 作任意直线 $A_hB_h$；再在 F 投影面，过 $A_f$ 作直线平行于 $x$ 轴，过 $B_h$ 作投影连线垂直于 $x$ 轴，两线相交于 $B_f$；然后根据 $B_h$ 和 $B_f$，作出 $B_s$。

铅垂线的 H 投影积聚为一点，因而 H 投影上，在 $A_h$ 后标 $(C_h)$；分别过 $A_f$、$A_s$ 作直线平行于 $z$ 轴，并在其上任意取相应点，标注 $C_f$、$C_s$（图 2-47）。

此题多解。

**4）两直线的相对位置**

**两直线的空间位置关系有三种情况：平行、相交和异面。**

如图 2-48 所示，两直线平行，则其三面投影均相互平行；反之亦然。

如图 2-49 所示，两直线相交，其交点的投影必为这两直线在同一投影面上投影的交点。

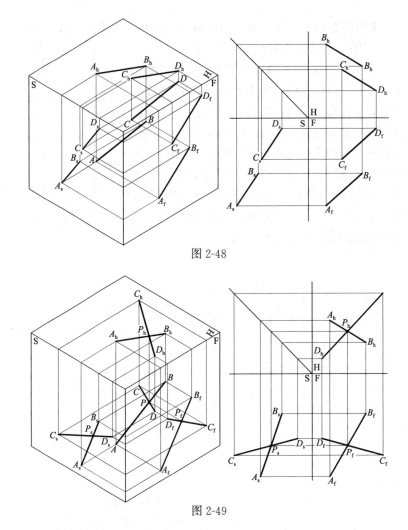

图 2-48

图 2-49

空间中既不平行也不相交的直线为异面直线，异面直线投影的交点是重影点。

**【例题 2-11】** 已知：直线 $AB$ 和 $CD$ 的 H、F 投影（图 2-50）。

判断：直线 $AB$ 和 $CD$ 是否平行？

解答：虽然直线 $AB$ 和 $CD$ 的 H、F 投影都相互平行，但两直线均为侧平线，作出它们的 S 投影，会发现直线 $AB$ 和 $CD$ 的 S 投影相交，因而可以判断直线 $AB$ 与 $CD$ 不平行，是异面直线。它们 S 投影的交点只是一个重影点，且根据 F 投影（或 H 投影），可以判断出 E 点在 F 点的左边，因此在 S 投影上，E 点是可见点，F 点是不可见点（图 2-51）。从轴测图可以清楚地看出两异面直线的空间关系（图 2-52）。

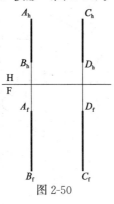

图 2-50

**【例题 2-12】** 已知：两杆 $AB$ 和 $CD$ 异面；

判断：可见性，即在 H、F 视图上两杆的遮挡关系（图 2-53）。

解答：在 H 投影上，过 $A_hB_h$ 与 $C_hD_h$ 的交点引垂直投影连线到 F 投影，与 $A_fB_f$、$C_fD_f$ 分别相交于 $1_f$、$2_f$，由于 $1_f$ 在 $2_f$ 之上，可以判断 $1_h$ 可见，$2_h$ 不可见，所以应是 $A_hB_h$ 遮挡 $C_hD_h$。

同理，在 F 投影上，过 $A_fB_f$ 与 $C_fD_f$ 的交点引垂直投影连线到 H 投影，与 $A_hB_h$、$C_hD_h$ 分别相交于 $3_h$、$4_h$，由于 $4_h$ 在 $3_h$ 之前，可以判断 $4_f$ 可见，$3_f$ 不可见，所以应是 $C_fD_f$ 遮挡 $A_fB_f$（图 2-54）。

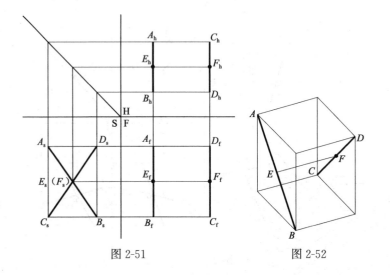

图 2-51　　　　　　图 2-52

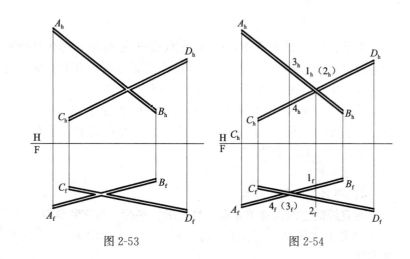

图 2-53　　　　　　图 2-54

28

## 2.3.3 平面

在几何学意义上，平面是无限延展的。我们可以用一些几何要素的正投影来表示平面，如：不共线的三个点、两条相交直线或一个平面图形（三角形、矩形等）。根据平面与投影面的位置关系，可以将平面分为与投影面平行的平面、与投影面垂直的平面和一般位置平面。

### 1）与投影面平行的平面

**平面 *ABC* 与 H 投影面平行**

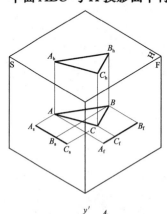

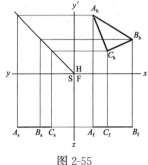

图 2-55

则平面 *ABC* 的 H 投影为实形，

平面 *ABC* 的 F 投影和 S 投影积聚为一直线，分别平行于 $x$ 轴和 $y$ 轴。

与 H 面平行的平面称为水平面（图2-55）。

**平面 *ABC* 与 F 投影面平行**

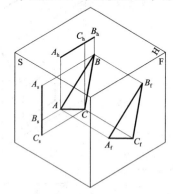

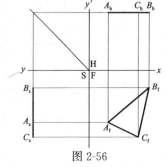

图 2-56

则平面 *ABC* 的 F 投影为实形，

平面 *ABC* 的 H 投影和 S 投影积聚为一直线，分别平行于 $x$ 轴和 $z$ 轴。

与 F 面平行的平面称为正平面（图2-56）。

**平面 *ABC* 与 S 投影面平行**

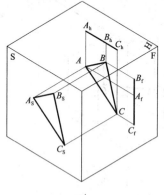

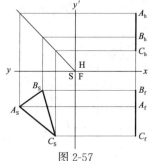

图 2-57

则平面 *ABC* 的 S 投影为实形，

平面 *ABC* 的 H 投影和 F 投影积聚为一直线，分别平行于 $y'$ 轴和 $z$ 轴。

与 S 面平行的平面称为侧平面（图2-57）。

**2）与投影面垂直的平面**

**平面 *ABCD* 与 H 投影面垂直**

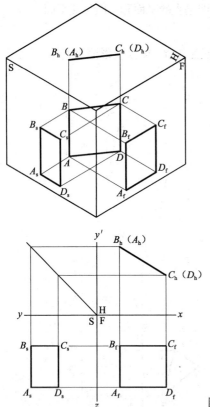

图 2-58

**平面 *ABCD* 与 F 投影面垂直**

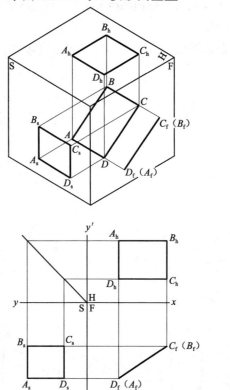

图 2-59

则平面 *ABCD* 的 H 投影积聚为一条直线，其与 $x$、$y'$ 轴的夹角分别等于平面 *ABCD* 相对 F 面、S 面的倾角；

平面 *ABCD* 的 F 投影和 S 投影分别为原平面图形的类似形，且面积缩小。与 H 面垂直的平面称为铅垂面（图 2-58）。

则平面 *ABCD* 的 F 投影积聚为一条直线，其与 $x$、$z$ 轴的夹角分别等于平面 *ABCD* 相对 H 面、S 面的倾角；

平面 *ABCD* 的 H 投影和 S 投影分别为原平面图形的类似形，且面积缩小。与 F 面垂直的平面称为正垂面（图 2-59）。

**平面 ABCD 与 S 投影面垂直**

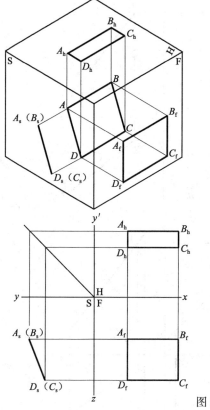

图 2-60

则平面 ABCD 的 S 投影积聚为一条直线，其与 $y$、$z$ 轴的夹角分别等于平面 ABCD 相对于 H 面、F 面的倾角；

平面 ABCD 的 F 投影和 H 投影分别为平面图形的类似形，且面积缩小。与 S 面垂直的平面称为侧垂面（图 2-60）。

**3）一般位置平面**

**平面 ABC 与 H、F、S 投影面均不平行**

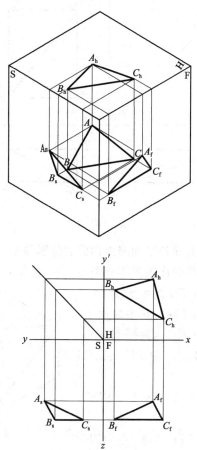

图 2-61

则平面 ABC 在 H、F、S 投影面上的投影均不反映原平面图形的实形，而是原平面图形的类似形，面积比原形缩小（图 2-61）。

**【例题 2-13】**已知：物体的三视图（图 2-62）。

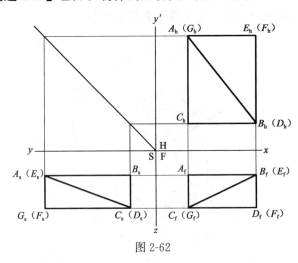

图 2-62

求：判断物体表面各平面与投影面的位置关系。

解答：根据三视图作轴测图（图 2-63），可知：

平面 *AEB*、*CDFG* 为水平面；

平面 *BCD*、*AEFG* 为正平面；

平面 *ACG*、*BDFE* 为侧平面；

平面 *ACG*、*BCD*、*BDFE*、*AEFG* 为铅垂面；

平面 *AEB*、*CDFG*、*ACG*、*BDFE* 为正垂面；

平面 *AEB*、*CDFG*、*BCD*、*AEFG* 为侧垂面；

平面 *ABC* 为一般位置平面。

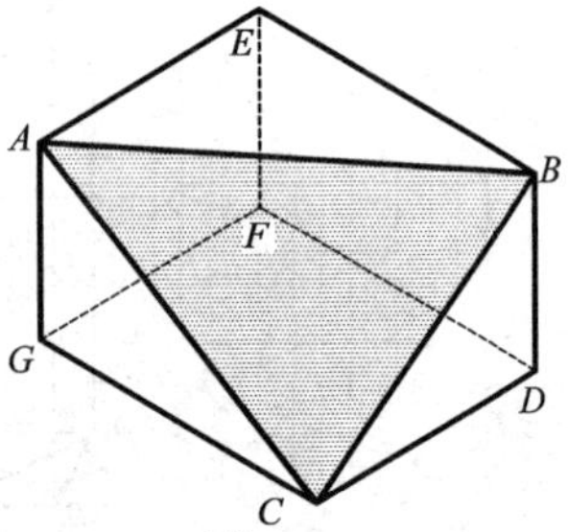

图 2-63

**【例题 2-14】**已知：一般位置直线 *AB*

求：过 *AB* 作一铅垂面，作出该垂面的三面投影（图 2-64）。

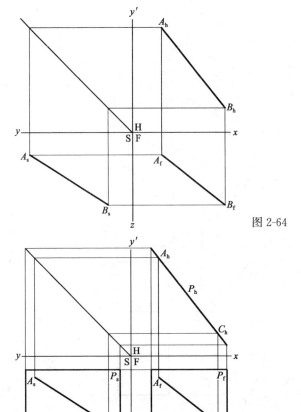

图 2-64

图 2-65

解答：平面 *P* 即为所求铅垂面（图 2-65）。

事实上，只要 $P_h$ 为与 $A_h B_h$ 重合的直线，$P_f$、$P_s$ 可表达为任何形状的平面图形。

## 2.4 定位问题

关于点、直线和平面相互之间位置关系的一类问题，称为定位问题，一般包括从属关系和相交问题的判断和作图求解。

### 2.4.1 从属关系

#### 1）点在直线上

如图 2-66 所示，点 $C$ 在直线 $AB$ 上，分别作直线 $AB$ 和点 $C$ 的 H、F、S 投影，则 $C_h$ 在 $A_hB_h$ 上，$C_f$ 在 $A_fB_f$ 上，$C_s$ 在 $A_sB_s$ 上；由于垂直于同一平面的直线相互平行，所以 $AA_h \parallel BB_h \parallel CC_h$，而平行线将与之相交的直线分为相同的比例，所以 $\dfrac{A_hC_h}{C_hB_h} = \dfrac{AC}{CB}$，同理可得，$\dfrac{A_fC_f}{C_fB_f} = \dfrac{A_sC_s}{C_sB_s} = \dfrac{AC}{CB}$。

结论：

（1）直线上点的投影必在该直线的同名投影上。

（2）直线上的点将直线分成某一比例，则该点的投影也将直线的同名投影分成相同的比例。

（多面正投影中，在同一投影面上的投影，即下标相同的投影为同名投影）

**【例题 2-15】** 判断点 $C$、$D$、$E$ 是否在直线 $AB$ 上（图 2-67）。

解答：因为 $C_h$ 在 $A_hB_h$ 上，且 $C_f$ 在 $A_fB_f$ 上，所以点 $C$ 在直线 $AB$ 上；又因为 $D_h$ 不在 $A_hB_h$ 上，$E_f$ 不在 $A_fB_f$ 上，所以点 $D$、$E$ 不在直线 $AB$ 上。

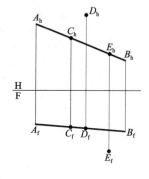

图 2-67

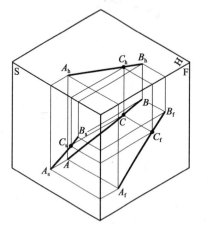
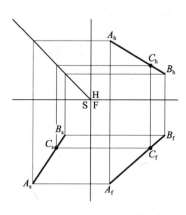

图 2-66

**【例题 2-16】** 判断点 $C$ 是否在直线 $AB$ 上（图 2-68）。

解答：直线 $AB$ 为侧平线，作直线 $AB$ 和点 $C$ 的 $S$ 投影，可以知道，点 $C$ 不在直线 $AB$ 上（图 2-69）。

或者，可以根据结论 2，看点 $C$ 是否将 $AB$ 的同名投影分为相同的比例，来判断点 $C$ 是否在直线 $AB$ 上。

**【例题 2-17】** 已知：直线 $AB$ 与 $CD$ 相交于点 $E$，如图 2-70 所示。

求：$D$ 点的 $F$ 投影。

解答：过 $E_h$ 作垂直投影连线到 $A_f B_f$，交点为 $E_f$，连接 $C_f E_f$，并延伸，过 $D_h$ 作垂直投影连线，与 $C_f E_f$ 延伸线相交，交点就是 $D_f$（图 2-71）。

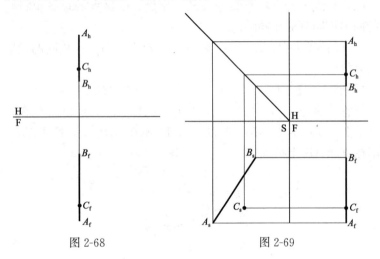

图 2-68　　　　图 2-69

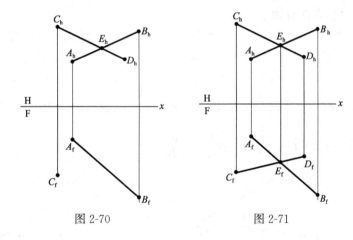

图 2-70　　　　图 2-71

## 2）直线在平面上

判断一条直线是否在已知平面上，或者在已知平面上作一条直线，可以依据以下两点：

（1）直线过平面上已知两点；

（2）直线过平面上已知一点，且平行于该平面内一条直线。

**【例题 2-18】** 判断直线 $EF$、$EG$ 是否在平面 $ABC$ 上（图 2-72）。

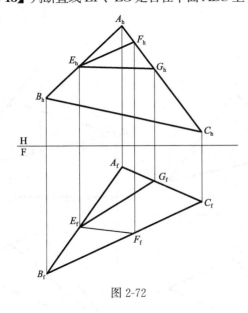

图 2-72

解答：直线 $EF$ 不在平面 $ABC$ 上，因为 $F_h$ 在 $A_hC_h$ 上，而 $F_f$ 在 $B_fC_f$ 上，所以点 $F$ 既不在直线 $AC$ 上，也不在直线 $BC$ 上。

直线 $EG$ 在平面 $ABC$ 上。

在解决点、线、面的空间问题中，在某平面上作一条直线，是经常会用到的基本技巧，要保证所作直线在平面内，就要保证决定该直线的两点在该平面内的直线上。

**【例题 2-19】** 已知：$A$、$B$、$C$ 三点的两面投影（图 2-73）。

求作：过 $A$ 点作一直线在 $A$、$B$、$C$ 三点所决定的平面内。

解答：这是一道多解题，可以有两种思路：

（1）分别连接 $C_h$、$B_h$ 和 $C_f$、$B_f$，得直线 $CB$ 的两面投影；在直线 $CB$ 上任取一点 $E$，即作 $E_h$ 和 $E_f$，分别连接 $A_h$、$E_h$ 和 $A_f$、$E_f$，得直线 $AE$ 的两面投影，直线 $AE$ 在 $A$、$B$、$C$ 三点所决定的平面内，为所求直线（图 2-74$a$）。

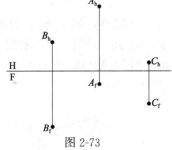

图 2-73

（2）过 $A_h$ 作 $A_hF_h$ 平行于 $B_hC_h$，过 $A_f$ 作 $A_fF_f$ 平行于 $B_fC_f$，则直线 $AF$ 平行于 $BC$，必在 $A$、$B$、$C$ 三点所决定的平面内，为所求直线（图 2-74$b$）。

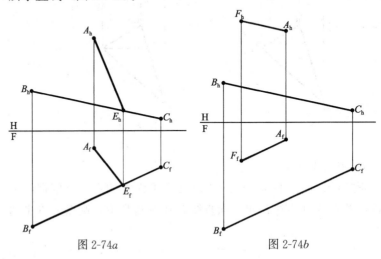

图 2-74$a$          图 2-74$b$

**【例题 2-20】** 已知：平面 $ABC$ 的两面投影（图 2-75a）。

求：在平面 $ABC$ 上作一条水平线。

解答：先在平面 $ABC$ 上选择一个点，如点 $B$，作为水平线的一个端点，根据水平线的投影特点，其 F 投影应平行于 $x$ 轴，过 $B_f$ 作平行于 $x$ 轴的直线交 $A_fC_f$ 于 $D_f$；过 $D_f$ 作垂直投影连线到 $A_hC_h$，交点为 $D_h$；连接 $B_hD_h$。$BD$ 就是所求水平线（图 2-75b）。

**【例题 2-21】** 已知：平面 $ABC$ 上有一点 $E$，且已知 $E_h$（图 2-76）。

求：$E_f$。

解答：在 H 投影上，连接 $E_h$、$B_h$，并延长 $B_hE_h$ 与 $A_hC_h$ 相交于 $D_h$，过 $D_h$ 引垂直投影连线到 F 投影，与 $A_fC_f$ 相交于 $D_f$，连接 $B_fD_f$，过 $E_h$ 引垂直投影连线到 F 投影，与 $B_fD_f$ 相交，交点即为 $E_f$（图 2-77）。

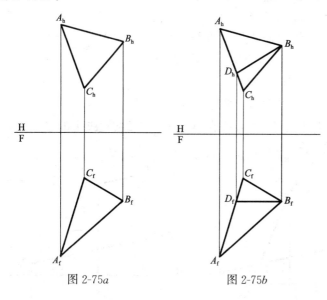

图 2-75a        图 2-75b

### 3）点在平面上

判断点是否在平面上，或作出某一平面上的点，可依据以下推论：若点 $A$ 在直线 $L$ 上，而直线 $L$ 在平面 $P$ 上，则点 $A$ 在平面 $P$ 上。

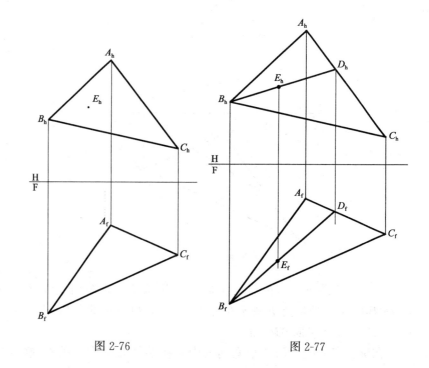

图 2-76        图 2-77

【例题 2-22】已知：四边形 $ABCD$ 的 H 投影和部分 F 投影。

求：完成四边形 $ABCD$ 的 F 投影（图 2-78）。

解答：四边形 $ABCD$ 的意义即是 $A$、$B$、$C$、$D$ 四点共面，所以问题可转化为求平面 $ABC$ 上的一点 $D$ 的 F 投影。分别连接 $A_h$、$C_h$ 和 $B_h$、$D_h$，对角线 $A_hC_h$ 和 $B_hD_h$ 相交于 $O_h$；连接 $A_f$ 和 $C_f$，过 $O_h$ 引垂直投影连线到 F 投影，与 $A_fC_f$ 相交于 $O_f$，连接 $B_f$ 和 $O_f$ 并延长，过 $D_h$ 引垂直投影连线到 F 投影，与 $B_fO_f$ 的延长线相交，交点即为 $D_f$，连接 $A_fD_f$ 和 $D_fC_f$，从而完成四边形 $ABCD$ 的 F 投影（图 2-79）。

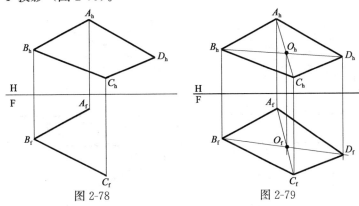

图 2-78　　　　　　　图 2-79

【例题 2-23】已知：屋面上设有一个三角形的天窗，现已确定其在俯视图上的位置和形状（图 2-80）。

求：主视图上天窗的位置和形状。

解答：因为天窗在斜屋面上，所以此问题便成为：已知天窗的三个端点 $A$、$B$、$C$ 在倾斜的平面上，且已知三点的 H 投影，求其 F 投影。

在 H 投影上，延伸天窗的一条边线 $A_hB_h$，与斜屋面的边线取得交点 $D_h$、$E_h$；分别过 $D_h$、$E_h$ 作投影连线到 F 投影，得 $D_f$、$E_f$，连接 $D_fE_f$；再分别过 $A_h$、$B_h$ 作投影连线到 F 投影，与 $D_fE_f$ 相交于 $A_f$、$B_f$。

在 H 投影上，延伸天窗的另一条边线 $B_hC_h$，与斜屋面的边线取得交点 $F_h$；过 $F_h$ 作投影连线到 F 投影得 $F_f$，连接 $F_fB_f$；再过 $C_h$ 作投影连线到 F 投影，与 $F_fB_f$ 相交于 $C_f$（图 2-81，图 2-82）。

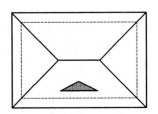

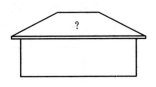

图 2-80

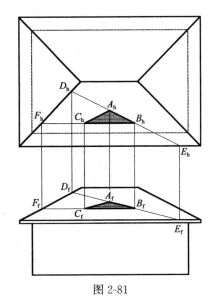

图 2-81　　　　　　图 2-82　三维模型

### 2.4.2 相交问题

**1）投影面垂直线与投影面垂直面相交**

【例题 **2-24**】已知：正垂面 $P$ 和铅垂线 $AB$ 的 H、F 投影（图 2-83）。

求作：交点。

解答：因交点应在直线 $AB$ 上，而铅垂线 $AB$ 的 H 投影积聚为一点，则交点 $E$ 的 H 投影也是这一点；又因交点也在平面 $P$ 上，而正垂面 $P$ 的 F 投影积聚为一直线，则交点 $E$ 的 F 投影应是 $P_f$ 与 $A_f B_f$ 的交点。由此得到 E 点的两面投影（图 2-84）。

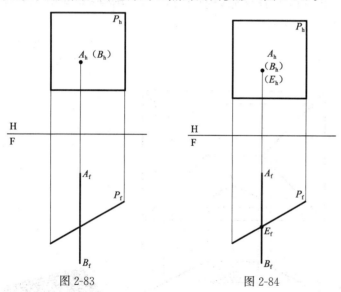

图 2-83          图 2-84

**2）一般位置直线与投影面垂直面相交**

【例题 **2-25**】已知：直线 $AB$ 与铅垂面 $P$ 的 H、F 投影（图 2-85）。

求作：交点。

解答：因铅垂面 $P$ 的 H 投影积聚为一直线，所以交点 $E$ 的 H 投影应是 $P_h$ 与 $A_h B_h$ 的交点；过 $E_h$ 作垂直投影连线与 $A_f B_f$ 相交，交点就是 $E_f$。

由此得到 $E$ 点的两面投影。完成 F 投影时，应判断可见性（图 2-86）。

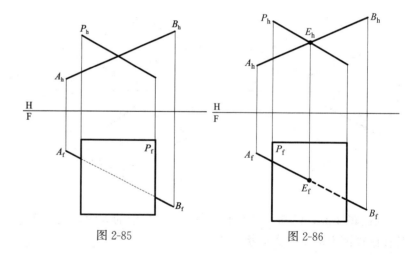

图 2-85          图 2-86

**【例题 2-26】**已知：烟囱与坡屋面相交，已知其 F 投影和 H 投影的一部分（图 2-87）。

求作：完成 H 投影。

分析：问题实质上是求烟囱的四条斜棱与坡屋面的交点。本题中坡屋面是正垂面，在 F 投影上积聚为一直线，交点的 F 投影可直接得到，再作投影连线到 H 投影即可。

作图步骤：

（1）在 F 投影上，过 $C_f$ 作投影连线到 H 投影，与 $A_hC_h$、$A'_hC'_h$ 分别交于 $C_h$、$C'_h$。

（2）在 F 投影上，过 $D_f$ 作投影连线到 H 投影，与 $B_hD_h$、$B'_hD'_h$ 分别交于 $D_h$、$D'_h$。

（3）在 H 投影上，连接 $C_hC'_hD'_hD_h$，完成 H 投影（图 2-88）。

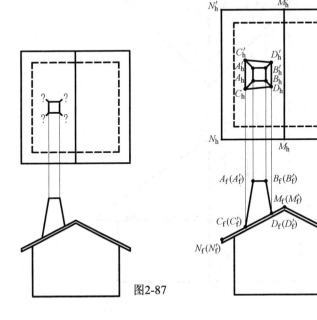

图2-87　　图2-88

### 3）投影面垂直线与一般位置平面相交

**【例题 2-27】**已知：平面 $ABC$ 和正垂线 $MN$ 的 H、F 投影（图 2-89）。

求作：交点。

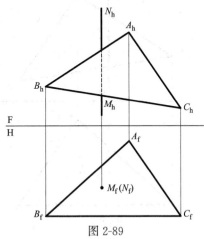

图 2-89

解答：正垂线 $MN$ 的 F 投影积聚为一点，因此交点 $E$ 的 F 投影也在这一点，由此可得 $E_f$；因为 $E$ 点也在平面 $ABC$ 上，所以可以根据"点在平面上"的解答方法求出 $E$ 点的 H 投影。连接 $B_fE_f$ 并延伸与 $A_fC_f$ 交于 $F_f$，过 $F_f$ 作垂直投影连线到 H 投影，与 $A_hC_h$ 交于 $F_h$，连接 $B_hF_h$ 与 $M_hN_h$ 交于 $E_h$。判断可见性，完成 H、F 投影（图 2-90）。

【例题 2-28】已知：烟囱与坡屋面相交，已知 H 投影和 F 投影的一部分。

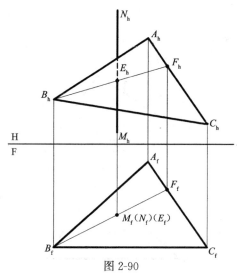

图 2-90

求作：完成 F 投影（图 2-91）。

分析：同样是求烟囱的四条棱与坡屋面的交点问题，但本题的坡屋面是一般位置平面，而四条棱却是铅垂线，H 投影积聚为点；因此交点的 H 投影直接可得。

作图步骤：

（1）在 H 投影上，连接 $O_hC_h$ 并延伸，与 $M_hN_h$ 相交于 $F_h$。由于对称，$A_h$ 也在这条直线上。过 $F_h$ 作投影连线到 F 投影，与 $M_fN_f$ 交于 $F_f$，连接 $O_fF_f$，与 $C_fC'_f$ 交于 $C'_f$，与 $A_fA'_f$ 交于 $A'_f$。

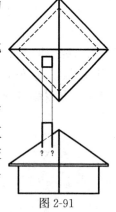

图 2-91

（2）连接 $O_hB_h$ 并延伸，与 $M_hN_h$ 相交于 $G_h$。过 $G_h$ 作投影连线到 F 投影，与 $M_fN_f$ 交于 $G_f$，连接 $O_fG_f$，与 $B_fB'_f$ 交于 $B'_f$。

（3）连接 $O_hD_h$ 并延伸，与 $M_hN_h$ 相交于 $E_h$。过 $E_h$ 作投影连线到 F 投影，与 $M_fN_f$ 交于 $E_f$，连接 $O_fE_f$，与 $D_fD'_f$ 交于 $D'_f$。

（4）连接 $A'_fB'_f$、$C'_fD'_f$（虚线）（图 2-92）。

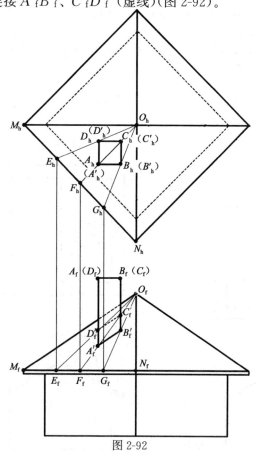

图 2-92

**4）投影面垂直面与一般位置平面相交**

【例题 2-29】已知：铅垂面 $P$ 与平面 $ABC$ 的 H、F 投影（图 2-93）。

求作：交线。

解答：因 $P$ 为铅垂面，$P_h$ 积聚为直线，所以交线的 H 投影与 $P_h$ 重合；$P_h$ 与 $A_hB_h$ 的交点记为 $E_h$，$P_h$ 与 $B_hC_h$ 的交点记为 $F_h$；分别引 $E_h$、$F_h$ 的投影连线到 F 投影，与 $A_fB_f$ 交于 $E_f$，与 $B_fC_f$ 交于 $F_f$，连接 $E_fF_f$。$EF$ 就是铅垂面 $P$ 与平面 $ABC$ 的交线。

从 H 投影可知，点 $B$ 在平面 $P$ 之前，判断可见性，完成 F 投影（图 2-94）。

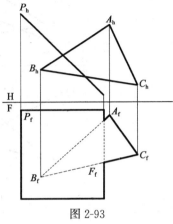

图 2-93

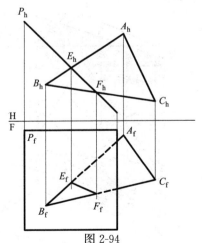

图 2-94

【例题 2-30】已知：三棱锥与立方体相交（图 2-95）。

求作：完成 H 投影。

解答：立方体的上表面 $ABCD$ 是正垂面，利用积聚性，可得斜棱 $OP$、$ON$ 与它交点的 F 投影 $E_f$、$F_f$；若将 $A_fB_fC_fD_f$ 延伸与 $O_fM_f$ 相交，可得交点 $G_f$，过 $E_f$、$F_f$ 和 $G_f$ 作垂直投影连线到 H 投影，得 $E_h$、$F_h$ 和 $G_h$；连接 $E_hF_h$，连接 $F_hG_h$、$G_hE_h$，分别与 $A_hC_h$ 交于 $J_h$ 和 $K_h$；再判断可见性，完成 H 投影（图 2-96）。

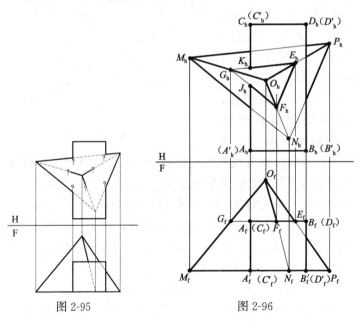

图 2-95          图 2-96

41

**5）一般位置直线与一般位置平面相交**

**【例题 2-31】**已知：一般位置平面 $ABC$ 和一般位置直线 $MN$ 的 H、F 投影（图 2-97）。

求作：交点。

分析：基于前面四种情况的讨论，我们会发现求交点、交线往往是利用投影的积聚性，先求出交点或交线在其中一个投影面上的投影，再作投影连线到另一个投影面，求出第二个投影。而当相交的两个几何要素都为一般位置时，均没有积聚性，为此我们需要创造积聚性——作一个辅助面垂直于某投影面，并让一般位置直线在这一辅助面上，这样就把问题转化为"投影面垂直面与一般位置平面相交"，利用前面所学内容，求出两平面的交线。而我们要求的交点应在这条交线上（图 2-99）。

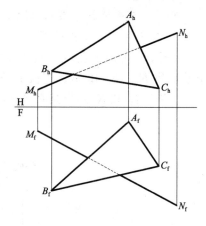

图 2-97

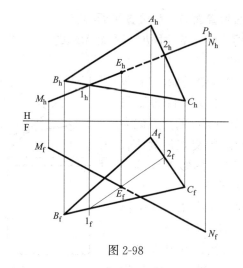

图 2-98

解答：过 $MN$ 作铅垂面 $P$，作为辅助面，则 $P_h$ 与 $M_hN_h$ 重合，$P_f$ 可为任意形状，也可不画。那么 $P$ 与 $ABC$ 交线的 H 投影，也与 $P_h$ 重合，$P_h$ 与 $B_hC_h$ 的交点记为 $1_h$，$P_h$ 与 $A_hC_h$ 的交点记为 $2_h$；分别过 $1_h$、$2_h$ 作垂直投影连线到 F 投影，与 $B_fC_f$ 交于 $1_f$，与 $A_fC_f$ 交于 $2_f$；连接 $1_f2_f$，与 $M_fN_f$ 交于 $E_f$；过 $E_f$ 作垂直投影连线到 H 投影，与 $M_hN_h$ 交于 $E_h$（图 2-98）。

点 $E$ 即是一般位置平面 $ABC$ 和一般位置直线 $MN$ 的交点。

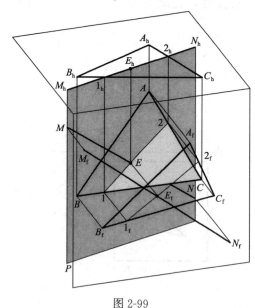

图 2-99

**【例题 2-32】** 已知：四棱锥形建筑主体，入口处为一单坡屋面形体，与建筑主体斜墙面相交。已知 H、F 投影的一部分。

求作：完成 H、F 投影（图 2-100）。

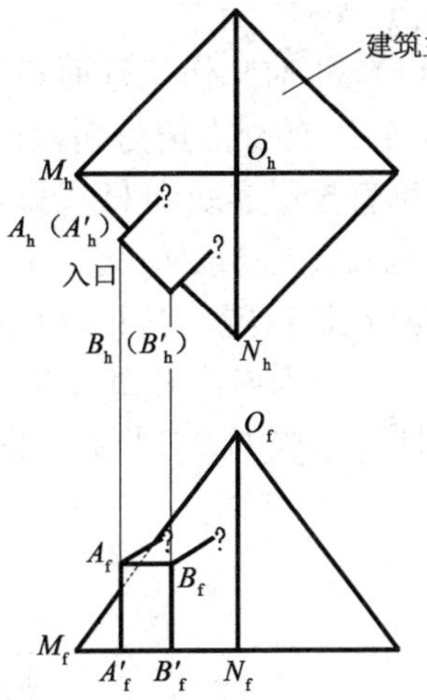

分析：本题的关键是求单坡屋面的两条斜脊与主体斜墙面的交点，这两条斜脊所在的垂直墙面是铅垂面，因此先求出该垂直墙面与主体斜墙面的交线，就可得到我们需要的交点。

作图步骤：（1）在 H 投影上，延伸过 $A$ 点的斜脊所在垂直墙面，与斜墙面 $O_hM_hN_h$ 交于 $C_h$、$D_h$，自 $C_h$ 引投影连线到 F 投影，与 $M_fN_f$ 交于 $C_f$，自 $D_h$ 引投影连线到 F 投影，与 $O_fM_f$ 交于 $D_f$，连接 $C_fD_f$，与过 $A$ 点的斜脊的 F 投影交于 $E_f$，自 $E_f$ 引投影连线到 H 投影，与过 $A$ 点的斜脊的 H 投影交于 $E_h$，$E$ 点即是过 $A$ 点的斜脊与主体斜墙面的交点。

（2）同理，在 H 投影上，延伸过 $B$ 点的斜脊所在垂直墙面，与斜墙面 $O_hM_hN_h$ 交于 $G_h$、$F_h$，自 $G_h$ 引投影连线到 F 投影，与 $M_fN_f$ 交于 $G_f$，因两垂直墙面平行，所以它们与主体斜墙面 $G_f$ 的交线也平行，过 $G_f$ 作平行于 $C_fD_f$ 的直线，与 $O_fN_f$ 交于 $F_f$；$G_fF_f$ 与过 $B$ 点的斜脊的 F 投影交于 $H_f$，自 $H_f$ 引投影连线到 H 投影，与过 $B$ 点的斜脊的 H 投影交于 $H_h$，$H$ 点即是过 $B$ 点的斜脊与主体斜墙面的交点。

图 2-100

（3）连接 $E_hH_h$ 完成 H 投影；连接 $E_fH_f$、$H_fG_f$、$C_fE_f$（虚线），完成 F 投影（图 2-101）。

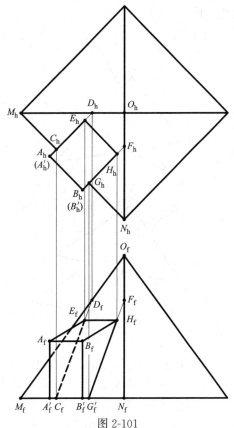

图 2-101

43

## 6）两一般位置平面相交

**【例题 2-33】** 已知：平面 $ABC$ 和平面 $LMN$ 的 H、F 投影。求作：交线（图 2-102）。

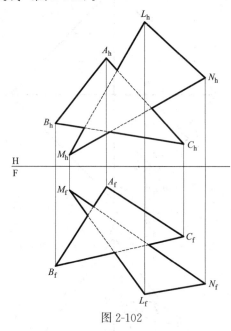

图 2-102

解答：平面 $LMN$ 是由两相交直线 $LM$ 和 $MN$ 决定的。可以先求出直线 $LM$ 与平面 $ABC$ 的交点 $E$，再求出直线 $MN$ 与平面 $ABC$ 的交点 $F$，然后连接 $E$、$F$ 两点，即得交线 $EF$。

作图步骤：（1）过 $LM$ 作正垂面 $P$，作为辅助面，则 $P_f$ 与 $L_fM_f$ 重合，$P_f$ 与 $A_fB_f$ 的交点记为 $1_f$，$P_f$ 与 $B_fC_f$ 的交点记为 $2_f$；分别过 $1_f$、$2_f$ 作垂直投影连线到 H 投影，与 $A_hB_h$ 交于 $1_h$，与 $B_hC_h$ 交于 $2_h$；连接 $1_h2_h$，与 $L_hM_h$ 交于 $E_h$；过 $E_h$ 作垂直投影连线到 F 投影，与 $L_fM_f$ 交于 $E_f$。点 E 是所求交线上的

一个点。

（2）过 $MN$ 作正垂面 $Q$，作为辅助面，则 $Q_f$ 与 $M_fN_f$ 重合，$Q_f$ 与 $A_fB_f$ 的交点记为 $3_f$，$P_f$ 与 $B_fC_f$ 的交点记为 $4_f$；分别过 $3_f$、$4_f$ 作垂直投影连线到 H 投影，与 $A_hB_h$ 交于 $3_h$，与 $B_hC_h$ 交于 $4_h$；连接 $3_h4_h$，与 $M_hN_h$ 交于 $F_h$；过 $F_h$ 作垂直投影连线到 F 投影，与 $M_fN_f$ 交于 $F_f$。点 F 也是所求交线上的一个点。

（3）分别连接 $E_hF_h$、$E_fF_f$，得交线 $EF$ 的两面投影。再判断可见性，完成 H、F 投影（图 2-103）。

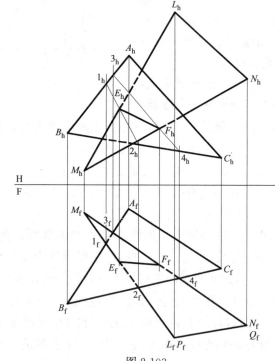

图 2-103

44

**【例题 2-34】** 已知：六棱锥形建筑主体，入口形体由两斜面 Ⅰ、Ⅱ 和一垂直面 *ABC* 组成，与建筑主体斜墙面 *OMN* 相交。已知 H、F 投影的一部分。

求作：完成 H、F 投影（图 2-104）。

解答：主体建筑斜墙面 *OMN* 为一般位置平面，两斜面 Ⅰ、Ⅱ 亦为两个一般位置的平面，且存在对称性，因此关键是求屋面 Ⅱ 与 *OMN* 的交线。观察屋面 Ⅱ，它是由两条相交直线 *AC* 和 *AP* 决定，且两线均为一般位置直线，因此可以考虑将问题转化为分别求 *AC*、*AP* 与 *OMN* 的交点。由于 *ON* 为侧平线，求 *AP* 与 *OMN* 的交点时，选择设立铅垂面为辅助面；而求 *AC* 与 *OMN* 的交点时，选择设立正垂面为辅助面。

作图步骤：

（1）在 H 投影上作过 $A_hP_h$ 的铅垂面，与 $O_hM_hN_h$ 交于 $O_h$、$D_h$，自 $D_h$ 引投影连线到 F 投影，与 $M_fN_f$ 交于 $D_f$，连接 $O_fD_f$，与 $A_fP_f$ 交于 $E_f$，自 $E_f$ 引投影连线到 H 投影，与 $A_hP_h$ 交于 $E_h$，*E* 点即为屋脊 *AP* 与 *OMN* 的交点。

（2）在 F 投影上作过 $A_fC_f$ 的正垂面，与 $O_fM_fN_f$ 交于 $F_f$、$G_f$，自 $F_f$ 引投影连线到 H 投影，与 $M_hO_h$ 交于 $F_h$，自 $G_f$ 引投影连线到 H 投影，与 $M_hN_h$ 交于 $G_h$，连接 $F_hG_h$ 并延伸，与 $A_hC_h$ 的延伸线交于 $H_h$，自 $H_h$ 引投影连线到 F 投影，与 $A_fC_f$ 的延伸线交于 $H_f$，H 点即为 *AC* 与 *OMN* 的交点。

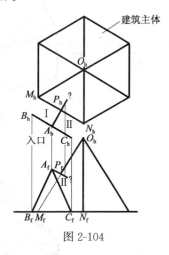

图 2-104

（3）分别连接 $E_hH_h$、$E_fH_f$，*EH* 与 *MN* 相交于 *J*，*EJ* 即为屋面 Ⅱ 与斜墙面 *OMN* 的交线。

（4）在 H 投影上连接 $C_hJ_h$，*CJ* 是屋面 Ⅱ 与地面的交线。

（5）根据对称性，在 H 投影作出屋面 Ⅰ 与 *OMN* 及地面的交线 $E_hK_h$ 和 $B_hK_h$。并引投影连线到 F 投影，作出 $E_fK_f$（虚线）（图 2-105）。

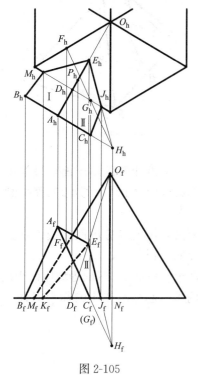

图 2-105

**7）等坡屋面**

斜面 *P* 与水平面 *G* 相交于 *EF*，过 *A* 点在平面 *P* 内作直线垂

直于 $EF$，并与 $EF$ 相交于点 $B$，则 $AB$ 称为斜面 $P$ 的最大斜度线，即平面 $P$ 上对水平面 $G$ 倾角最大的一条直线。直线 $AB$ 对水平面 $G$ 的倾角 $\alpha$ 就是斜面 $P$ 对水平面 $G$ 的倾角。斜面 $P$ 的坡度为：$i = \tan\alpha = AC/BC$（图 2-106）。

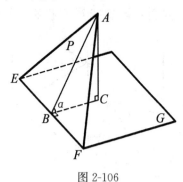

图 2-106

等坡屋面指的是坡度相等的斜屋面，最常见的是两坡屋面和四坡屋面这两种形式（图 2-107）。实际工程中经常遇到等坡屋面相交的问题。

垂直于同一个投影面的等坡屋面交线为垂直于该投影面的水平线，如两坡屋面的正脊。

分别垂直于两个投影面 F、S 的等坡屋面交线为一斜线，称为斜脊。斜脊包括两种：起分水作用的称为阳脊，起汇水作用的称为阴脊。

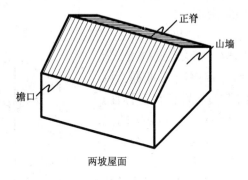

两坡屋面

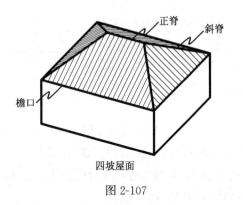

四坡屋面

图 2-107

如图 2-108 所示，平面 ABC 坡度为 $i_1=h/l_1$，平面 ABD 坡度为 $i_2=h/l_2$，两平面相交。

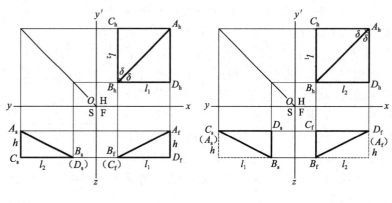

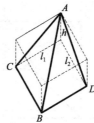
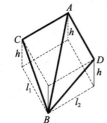

图 2-108

若 $i_1=i_2$

则 $l_1=l_2$ 则 $A_hC_hB_hD_h$ 为正方形，$\delta=45°$

结论：当两等坡屋面分别垂直于两个投影面 F、S 时，斜脊 AB 的 H 投影与坡屋面檐口的 H 投影成 45°角。

推论：等坡屋面斜脊的 H 投影是两屋面檐口的 H 投影所成角的平分线。

如图 2-109 所示，等坡屋面檐口的 H 投影如图，阳脊的 H 投影与檐口 H 投影的夹角为 $\alpha=45°$；阴脊的 H 投影与檐口 H 投影的夹角为 $\beta=135°$。

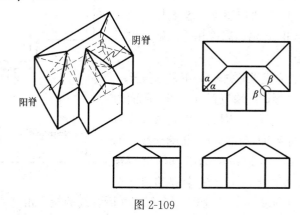

图 2-109

如图 2-110 所示，等坡屋面檐口的 H 投影为正六边形，斜脊的 H 投影为檐口 H 投影的角平分线。

$\alpha=\beta=60°$

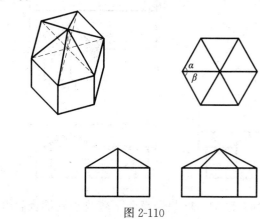

图 2-110

47

**【例题 2-35】**已知：H 投影反映了建筑物外墙面轮廓（虚线）和屋面轮廓（实线）。如设计为两坡屋面，坡度均为 30°，山墙位置如图，檐口高度相等，见 F 投影（图 2-111）。

求作：完成建筑物的 H、F 和 S 投影。

解答：根据山墙位置可知四个屋面的坡向，如箭头所示。因此本题是求等坡屋面相交，即屋面Ⅰ和屋面Ⅱ、Ⅲ的交线。由于檐口等高，先取山墙的中点作出屋脊线。在 H 投影上，$A_h$、$B_h$ 就是檐口交点的投影，分别过 $A_h$、$B_h$ 作角平分线，与屋脊线的投影相交一点 $C_h$，$AC$、$BC$ 即是屋面Ⅰ和屋面Ⅱ、Ⅲ相交的斜脊（图 2-112）。

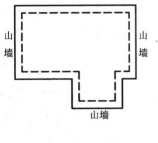

图 2-111

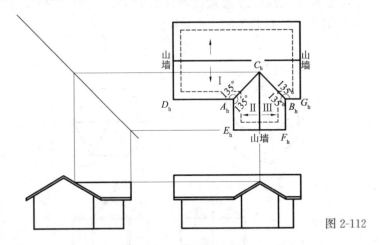

图 2-112

**【例题 2-36】**已知：H 投影反映了建筑物外墙面轮廓（虚线）和屋面轮廓（实线）。如设计为四坡屋面，檐口高度见 F 投影，屋面坡度 30°（图 2-113）。

求作：完成建筑物的 H、F 和 S 投影。

解答：在 H 投影上，自所有檐口的交点 $A_h$、$B_h$、$C_h$、$D_h$、$E_h$、$F_h$ 作角平分线，从 $A_h$ 和 $H_h$ 所作角平分线交于 $G_h$，自 $G_h$ 作平行于檐口 $A_hB_h$ 的直线，得屋面Ⅰ与屋面Ⅱ相交而成的水平屋脊，它与从 $E_h$ 所作角平分线交于 $H_h$；从 $C_h$ 和 $D_h$ 所作角平分线交于 $J_h$，自 $J_h$ 作平行于檐口 $D_hE_h$ 的直线，得屋面Ⅲ与屋面Ⅳ相交而成的水平屋脊，它与从 $B_h$ 所作角平分线交于 $K_h$；连接 $K_hH_h$，得屋面Ⅰ与屋面Ⅳ相交而成的短斜脊（图 2-114）。

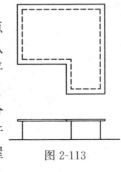

图 2-113

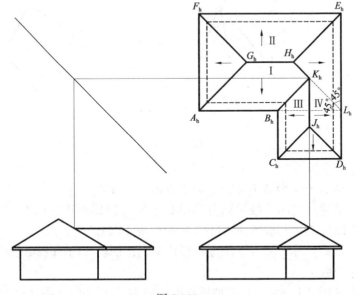

图 2-114

48

当四坡屋面的建筑平面轮廓较复杂时，水平屋脊的高度与平面的宽度有关，平面越宽屋脊越高，此时判断水平屋脊的相互间高度关系十分必要。在不同高度的水平屋脊之间往往会形成短斜脊，如 $KH$ 段，此斜脊的水平投影仍为相交的两屋面檐口 H 投影的角平分线，即与屋面Ⅳ、屋面Ⅰ的檐口所成角度均为45°。若将 $A_hB_h$ 延伸与 $D_hE_h$ 交于 $L_h$，过 $L_h$ 作角平分线，会发现与 $H_hK_h$ 重合。

**【例题 2-37】**已知：H 投影反映了建筑物外墙面轮廓（虚线）和屋面轮廓（实线），如设计为四坡屋面，檐口高度见 F 投影，屋面坡度30°。

求作：完成建筑物的 H、F 和 S 投影（图 2-115）。

解答：本题的问题在于屋面檐口并不完全是正交，此时关键仍要先判断水平屋脊的高度关系。我们可以将平面划分为三个区域（图 2-116），1 区与 2 区的屋脊作法与例题 2-36 类似。2 区与 3 区的屋面轮廓比较，明显是 2 区更宽，因此它的水平屋脊也较高，在这两个区的水平屋脊之间会出现短斜脊，它的水平投影仍为檐口水平投影的角平分线。

作图步骤：

（1）H 投影上，自所有檐口的交点 $A_h$、$B_h$、$C_h$、$D_h$、$E_h$、$F_h$、$G_h$、$H_h$ 作角平分线。

（2）从 $B_h$ 和 $A_h$ 所作角平分线交于 $K_h$，自 $K_h$ 作平行于 $B_hC_h$ 的直线，得屋面Ⅰ与屋面Ⅱ相交而成的水平屋脊，它与从 $C_h$ 所作角平分线交于 $L_h$。

（3）过 $L_h$ 作短斜脊与从 $H_h$ 所作角平分线相交于 $M_h$，过 $M_h$ 作平行于 $C_hD_h$ 的直线，得屋面Ⅲ与屋面Ⅳ相交而成的水平屋脊，它与从 $G_h$ 所作角平分线交于 $N_h$。

（4）从 $E_h$ 和 $F_h$ 所作角平分线交于 $Q_h$，自 $Q_h$ 作平行于檐口 $E_hD_h$ 的直线，得屋面Ⅴ与屋面Ⅵ相交而成的水平屋脊，它与从 $D_h$ 所作角平分线交于 $P_h$。

（5）连接 $N_hP_h$，得屋面Ⅲ与屋面Ⅵ相交而成的短斜脊，完成 H 投影。

（6）再作出建筑物的 F、S 投影（图 2-117）。

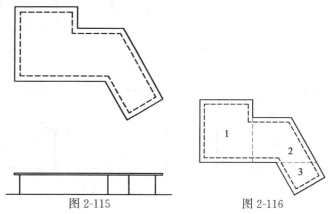

图 2-115　　　　图 2-116

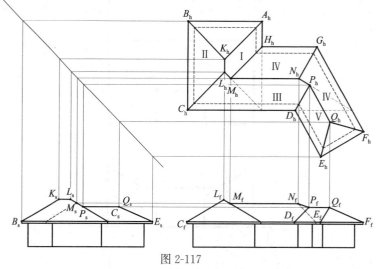

图 2-117

**【例题 2-38】** 已知：H 投影反映了建筑物的屋面轮廓，主体为两坡屋面，两个附属体块为单坡屋面，所有屋面等坡，箭头表示坡向。檐口高度和屋面坡度见 F 投影。

求作：完成建筑物的 H、F 和 S 投影（图 2-118）。

解答：本题与前面例题不同的是，檐口的高度不同。此时，斜脊起始的位置是从较高的那一个檐口与另一个坡屋面的交点开始，而不是两个檐口 H 投影的交点。而且较高檐口下的垂直墙面与另一斜屋面也有交线，即垂直墙面上的斜线 AF。

作图步骤：

(1) F 视图上，屋面 II 的投影积聚成一直线，屋面 I 的檐口与之相交于一点 $A_f$，自 $A_f$ 引投影连线到 H 视图，与屋面 I 的檐口投影交于 $A_h$，同理可得屋面 I 的檐口与屋面 III 的交点 C 的两面投影。

(2) H 视图上，过 $A_h$ 作 45° 斜线，与屋面 II 的屋脊相交于 $B_h$；过 $C_h$ 作 45° 斜线，与屋面 III 的屋脊相交于 $D_h$。AB、CD 即为斜脊。

(3) 在 F 投影上确定主体的屋脊高度有两种方法：一可以作出 S 投影，直接得屋脊。二可以在 H 投影上延伸 $A_h B_h$，与屋面 I 的屋脊延伸线相交于 $E_h$，过 $E_h$ 作垂直投影连线至 F 投影与 $A_f B_f$ 延伸线交于 $E_f$，过 $E_f$ 作水平线，即为主体的屋脊（图 2-119）。

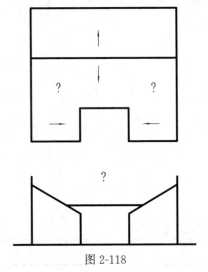

图 2-118

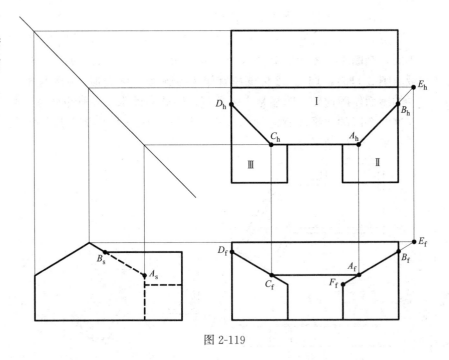

图 2-119

【例题 2-39】已知：建筑物两主体和中间的连接体均为两坡屋面，屋面坡度均为 30°，H 投影反映了建筑物的屋面轮廓，$L$、$L'$ 为檐口。檐口高度位置见 F 投影。

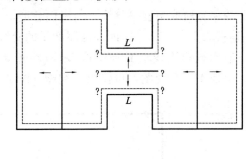

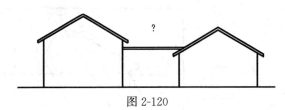

图 2-120

求作：完成 H、F 投影（图 2-120）。

解答：本题是求等坡屋面的交线问题，问题的关键在于三个体量的檐口高度不同，因此应先利用主体屋面的 F 投影积聚为直线的特点，求得连接体檐口与斜屋面Ⅱ的交点，再应用等坡屋面斜脊的求法求出交线。

作图步骤：

（1）F 视图上，檐口 $L$ 的上缘与屋面Ⅱ的投影相交于一点 $A_f$，过 $A_f$ 作投影连线至 H 视图，得檐口 $L$ 上缘与屋面Ⅱ的交点 $A_h$，同理可得檐口 $L'$ 上缘与屋面Ⅱ的交点 $A'_h$。

（2）过 $A_h$ 作 45° 斜线，与连接体屋脊相交于 $B_h$，$B$ 点即为连接体屋脊与屋面Ⅱ的交点。连接 $B_h A'_h$。

（3）过 $B_h$ 作投影连线至 F 视图，与屋面Ⅱ的投影相交于点 $B_f$。

（4）在 F 视图上，自 $B_f$ 引水平线与屋面Ⅰ的投影相交于点 $C_f$，此为连接体屋脊与屋面Ⅰ的交点。

（5）过 $C_f$ 作投影连线至 H 视图，与连接体屋脊投影交于 $C_h$。过 $C_h$ 作 45° 斜线与屋面Ⅰ的檐口投影交于 $D_h$、$D'_h$（图 2-121）。

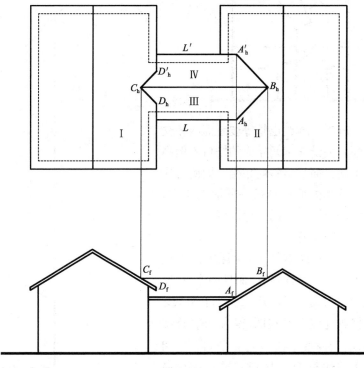

图 2-121

**【例题 2-40】** 已知：已知建筑的 H、F 投影的一部分。所有屋面等坡。

求作：完成 H、F 视图，并作 S 视图（图 2-122）。

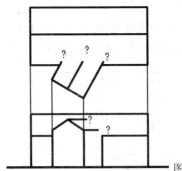

图 2-122

解答：本题也是等坡屋面的相交问题，关键在于两屋面的檐口不但高度不同，而且是斜向相交。因此可先求出较高的檐口与另一屋面的交点，再应用等坡屋面的规律求解。

作图步骤：

（1）在 H 视图上，延伸屋面 I 檐口所在的垂直面，与屋面Ⅲ的檐口、屋脊分别相交于 $A_h$、$B_h$；分别自 $A_h$、$B_h$ 引投影连线至 F 视图，得 $A_f$、$B_f$，连接 $A_fB_f$，与屋面 I 檐口交于 $C_f$，自 $C_f$ 引投影连线至 H 视图得 $C_h$。C 点即是屋面 I 的檐口 $CD$ 与屋面Ⅲ的交点。

（2）过 $C_h$ 作两檐口所成角度的平分线，与屋面 I 的屋脊交于 $E_h$，E 点即是屋面 I 的屋脊 $JE$ 与屋面Ⅲ的交点。

（3）自 $E_h$ 引投影连线至 F 视图得 $E_f$，连接 $E_fC_f$。$EC$ 是屋面 I 与屋面Ⅲ的交线。

（4）在 H 视图，过 $E_h$ 作屋面Ⅲ与屋面Ⅱ的屋脊所成角度平分线，与屋面Ⅱ檐口交于 $F_h$，连接 $E_hF_h$。自 $F_h$ 引投影连线至 F 视图得 $F_f$，连接 $E_fF_f$。$EF$ 是屋面Ⅱ与屋面Ⅲ的交线。

（5）$G_h$ 是两垂直墙面的交线的投影，自 $G_h$ 引投影连线至 F 视图得 $G_fG'_f$，连接 $G_fF_f$；连接 $A_fC_f$，$AC$、$GF$ 为垂直墙面与屋面Ⅲ的交线。完成 H、F 视图，再作出 S 视图（图 2-123a）。

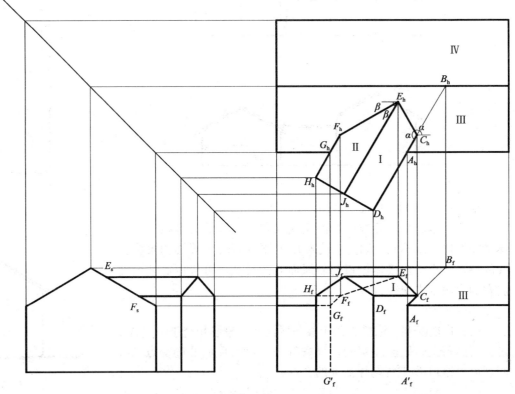

图 2-123a

此题中若两个建筑体块的屋面檐口均有出挑，则交线较为复杂，下图画出了所有的交线（图 2-123b）。

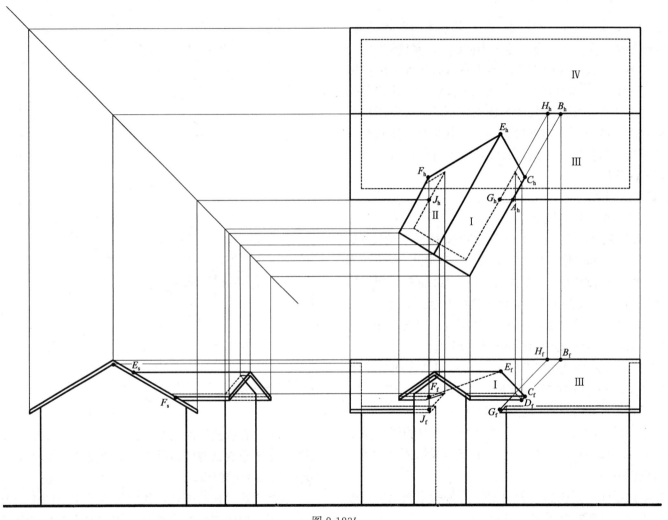

图 2-123b

## 2.5 投影变换和量度问题

在实际工程中，我们有时会遇到：求一条直线的实际长度、一个平面的实际形状、大小等问题。这一类问题称为量度问题。

我们知道凡平行于投影面的直线或平面在该投影面上的投影为实长和实形。而实际形体中有不少直线、平面所处的位置与投影面不平行，对于这些直线的实长和平面的实形问题可以用投影变换的方法来解决：增设一个辅助投影面，令其平行于该直线或平面，根据投影变换的规律，作出该直线或平面在辅助投影面上的投影，即可解决问题。

### 1）投影变换的规律

先研究一个点的投影变换规律：

在多面正投影体系中，点 A 在 H、F 两个基本投影面上的投影如图 2-124 所示，点 A 的两面视图如图 2-125 所示。若增设一辅助投影面 F'，令 F'也垂直于 H 投影面，则点 A 在 F'投影面上也有正投影 $A'_f$（图 2-126）。若以 H、F'的交线 $x'$ 为轴，将 F'投影面向上转 90°，与 H 投影面重合，则 $A_h$ 与 $A'_f$ 的连线垂直于 $x'$。事实上，H 与 F'也组成了一个两面投影体系，符合点的两面投影的所有规律。

观察 $A_f$ 和 $A'_f$，从轴测图中可以发现 $A_f$、$A'_f$ 距 H 投影面的距离相同，因此在投影图上，$A'_f$ 至 $x'$ 轴的距离等于 $A_f$ 至 $x$ 轴的距离（图 2-127）。

通过以上分析，可以得出点的投影变换规律：

（1）新设立的投影面（如 F'）必须垂直于原两面投影体系中的一个基本投影面（如 H），并替代另一个基本投影面（如 F），形成新的两面投影体系。

（2）点在新投影面上的投影（如 $A'_f$），与原投影面上的投影（如 $A_h$）的连线垂直于新的投影轴（如 $x'$）。

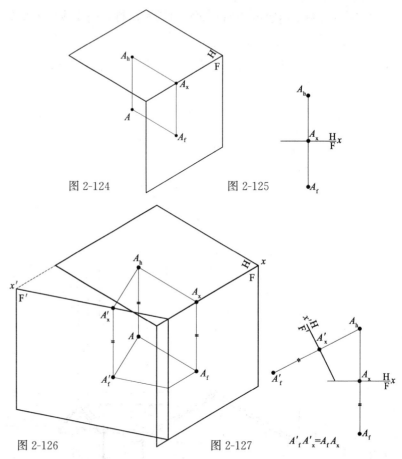

图 2-124　　　　图 2-125

图 2-126　　　　图 2-127

$$A'_f A'_x = A_f A_x$$

（3）点在新投影面上的投影（如 $A'_f$）到新投影轴（如 $x'$）的距离，等于点在被替代的投影面上的投影（如 $A_f$）到被替代的投影轴（如 $x$）的距离。

利用投影变换的原理，我们可以求出空间中一般位置直线的实长，或一般位置平面的实形，也可以解决某些定位问题。

## 2）倾斜直线的实长

**【例题 2-41】** 已知：倾斜直线 $AB$ 的两面投影 $A_hB_h$ 和 $A_fB_f$。

求作：倾斜直线 $AB$ 的实长。

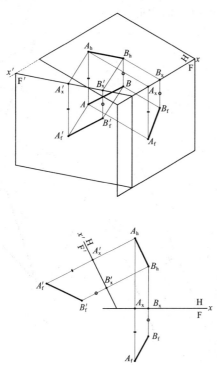

图 2-128

设立一个辅助投影面——铅垂投影面 $F'$，令 $F'$ 平行于直线 $AB$。即在 H 投影上，作 $x'$ 平行于 $A_hB_h$；

分别求出 $A$、$B$ 在 $F'$ 上的正投影，即分别自 $A_h$、$B_h$ 引投影连线垂直于 $x'$，量取 $A'_fA'_x = A_fA_x$、$B'_fB'_x = B_fB_x$，连接 $A'_fB'_f$。

直线 $A'_fB'_f$ 就是直线 $AB$ 的实长（图 2-128）。

## 3）投影面垂直面的实形

**【例题 2-42】** 已知：正垂面 $ABC$ 的两面投影 $A_hB_hC_h$ 和 $A_fB_fC_f$；

求作：平面 $ABC$ 的实形。

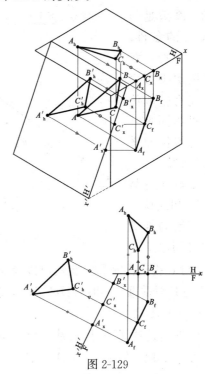

图 2-129

平面 $ABC$ 为正垂面，在 F 投影面上的投影积聚为一直线，因此可设立一个辅助投影面 $H'$，令 $H'$ 垂直于 F 面。即在 F 投影上，作 $x'$ 平行于 $A_fB_fC_f$。

分别自 $A_f$、$B_f$、$C_f$ 引投影连线垂直于 $x'$，量取 $A'_hA'_x = A_hA_x$、$B'_hB'_x = B_hB_x$、$C'_hC'_x = C_hC_x$，连接 $A'_hB'_hC'_h$。

三角形 $A'_hB'_hC'_h$ 就是平面 $ABC$ 的实形（图 2-129）。

### 4) 一般位置平面的实形

对于一般位置的平面来说，我们无法直接设立一个新的辅助投影面，既满足与某一原投影面垂直的条件，又与该平面平行。因此，我们可以考虑进行两次投影变换来达到目的：先将一般位置的平面变换为投影面垂直面，再将其变换为投影面平行面，从而得到其实形。

**【例题 2-43】** 已知：正平线 $AB$ 的两面投影 $A_hB_h$ 和 $A_fB_f$。

求作：设立一新的辅助投影面，令 $AB$ 与其垂直。

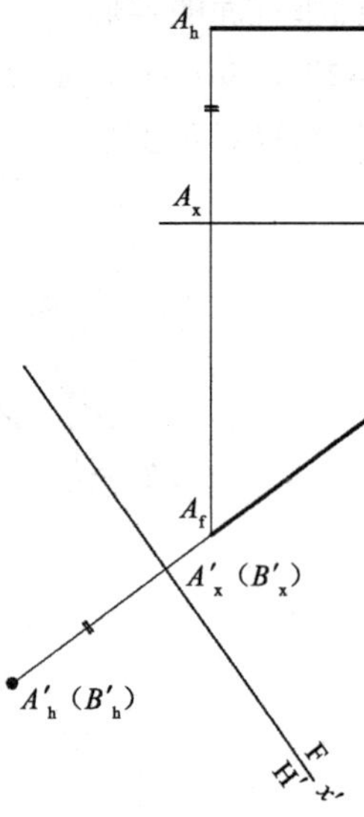

由于直线 $AB$ 与 F 投影面平行，我们可以设立一个新的辅助投影面 H′，令 H′ 与 F 面垂直，同时与直线 $AB$ 垂直。即在投影图上，作投影轴 $x'$ 垂直于 $A_fB_f$。

过 $A_f$、$B_f$，作投影连线垂直于 $x'$ 轴，与 $x'$ 轴的交点为 $A'_x$ $(B'_x)$，在投影连线上量取 $A'_hA'_x = A_hA_x$ $(B'_hB'_x = B_hB_x)$，即得 $AB$ 在投影面 H′ 上的投影——重影点 $A'_h$ $(B'_h)$。

投影面 H′ 与直线 $AB$ 垂直，$AB$ 在投影面 H′ 上的投影积聚为一点（图 2-130）。

如果我们在一般位置平面 P 内作一正平线 $L$，则可以作出辅助投影面 H′，令 H′ 垂直于 $L$，那么平面 P 也与辅助投影面 H′ 垂直。这样就可完成第一次变换，把平面 P 变成投影面 H′ 的垂直面。再进

图 2-130

行第二次变换，方法同例题 2-42，则可得平面 P 的实形。

**【例题 2-44】** 已知：一般位置平面 $ABC$ 的两面投影 $A_hB_hC_h$ 和 $A_fB_fC_f$。

求作：平面 $ABC$ 的实形。

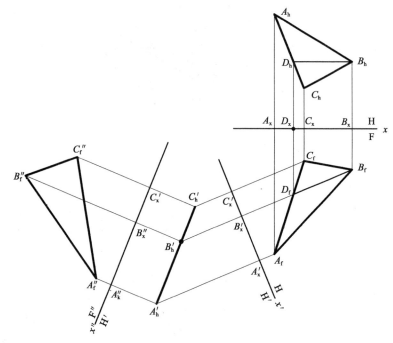

图 2-131

在平面 $ABC$ 内作一正平线 $BD$，设立辅助投影面 H′ 垂直于 $BD$；即作 $x'$ 与 $B_fD_f$ 垂直。作平面 $ABC$ 在 H′ 上的正投影 $A_h'B_h'C_h'$，积聚为一直线。这是第一次投影变换。

第二次投影变换应以 H′ 和 F 组成的两面投影体系为基础，再设立一个辅助投影面 F″，F″ 应满足两个条件：一垂直于投影面

$H'$, 二平行于平面 $ABC$；即作 $x''$ 平行于 $A_h'B_h'C_h'$，分别过 $A_h'$、$B_h'$、$C_h'$ 作投影连线垂直于 $x''$ 轴，与 $x''$ 轴的交点分别为 $A_x''$、$B_x''$、$C_x''$，在投影连线上分别量取 $A_f''A_x''=A_fA_x'$、$B_f''B_x''=B_fB_x'$、$C_f''C_x''=C_fC_x'$，连接 $A''_fB''_fC''_f$。

则三角形 $A_f''B_f''C_f''$ 就是平面 $ABC$ 的实形（图 2-131）。

**【例题 2-45】** 已知：建筑形体的 H、F 投影。

求作：屋面Ⅰ、屋面Ⅱ的实形（图 2-132）。

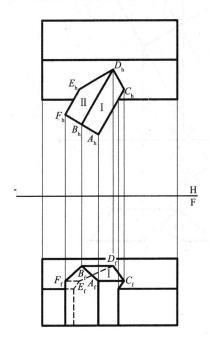

图 2-132

解答：屋面Ⅰ、屋面Ⅱ均为一般位置平面，我们可以通过两次变换得到它们的实形。由于檐口和屋脊都是水平线，第一次变换可以直接利用它们，设立辅助投影面 F'，令 F' 垂直于 H，且垂直于檐口。即在 H 投影上，作投影轴 $x'$ 垂直于 $A_hC_h$，分别过 $A_h$、$C_h$、$B_h$、$D_h$、$E_h$、$F_h$ 作投影连线垂直于 $x'$ 轴，在投影连线上截取 $A_f'A_x'=A_fA_x$（$C_f'A_x'=C_fC_x$）、$B_f'B_x'=B_fB_x$（$D_f'B_x'=D_fD_x$）、$F_f'F_x'=F_fF_x$（$E_f'F_x'=E_fE_x$），即得屋面Ⅰ、屋面Ⅱ在投影面 F' 上的投影——积聚为两条直线。

第二次变换分别进行：

（1）对于屋面Ⅰ，设立辅助投影面 $H_1''$，令 $H_1''$ 平行于屋面Ⅰ，即在 F' 投影上，作投影轴 $x_1'$ 平行于 $A_f'B_f'$，分别过 $A_f'$、$C_f'$、$B_f'$、$D_f'$ 作投影连线垂直于 $x_1''$ 轴，在投影连线上截取 $A''_{h1}A''_{x1}=A_hA_x'$、$C''_{h1}A''_{x1}=C_hA_x'$、$B''_{h1}B''_{x1}=B_hB_x'$、$D''_{h1}B''_{x1}=D_hB_x'$，即得屋面Ⅰ在投影面 $H_1''$ 上的投影，也即屋面Ⅰ的实形。

（2）对于屋面Ⅱ，设立辅助投影面 $H_2''$，令 $H_2''$ 平行于屋面Ⅱ，即在 F' 投影上，作投影轴 $x_2''$ 平行于 $F_f'B_f'$，分别过 $F_f'$、$E_f'$、$B_f'$、$D_f'$ 作投影连线垂直于 $x_2''$ 轴，在投影连线上截取 $F''_{h2}F''_{x2}=F_hF_x'$、$E''_{h2}F''_{x2}=E_hF_x'$、$B''_{h2}B''_{x2}=B_hB_x'$、$D''_{h2}B''_{x2}=D_hB_x'$，即得屋面Ⅱ在投影面 $H_2''$ 上的投影，也即屋面Ⅱ的实形（图 2-133）。

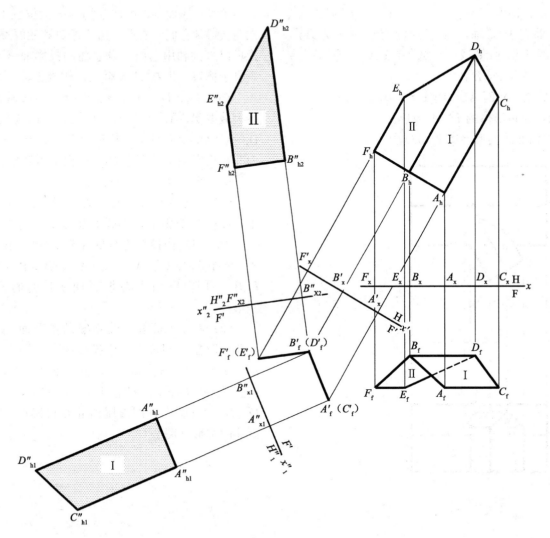

图 2-133

## 2.6 曲线与曲面

曲线是点按一定方式移动的轨迹。曲线分为平面曲线和空间曲线。曲线上所有的点均在一个平面内的曲线称为平面曲线；曲线上的点不全在一个平面内的曲线称为空间曲线。

### 2.6.1 平面曲线的几何作图

在建筑工程中，常见的平面曲线是圆、椭圆、抛物线、双曲线等，它们都可以由平面与圆锥相交所得，统称为圆锥曲线。

**椭圆**

按照椭圆的定义，椭圆上任意一点到两个焦点的距离之和为定值。用两个钉子，一根棉线和一支笔就可以画出一个椭圆（图2-134）。

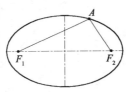

图 2-134

（1）同心圆法作椭圆

已知椭圆的长轴 $AB$ 和短轴 $CD$，过圆心 $O$ 作任意直线分别与大圆、小圆交于 $E_1$、$E_2$，过 $E_1$ 作直线垂直于 $AB$，过 $E_2$ 作直线垂直于 $CD$，两直线相交于 $E$ 点，重复以上作法，得到足够多的点，用光滑曲线连接各点即得椭圆（图2-135）。

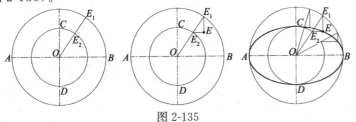

图 2-135

（2）四心法作近似椭圆

在实际应用中，为了作图简便，经常用几段圆弧适当连接，近似地作出椭圆。

已知椭圆的外切菱形 $ABCD$，过各边的中点 $E$、$F$、$G$、$H$ 作各边的垂线，得到四个交点 $O_1$、$O_2$、$O_3$、$O_4$；以 $O_1$ 为圆心，以 $O_1G$ 为半径作圆弧至 $H$，以 $O_2$ 为圆心，以 $O_2E$ 为半径作圆弧至 $F$，以 $O_3$ 为圆心，以 $O_3E$ 为半径作圆弧至 $H$，以 $O_4$ 为圆心，以 $O_4F$ 为半径作圆弧至 $G$，即得近似椭圆（图 2-136）。

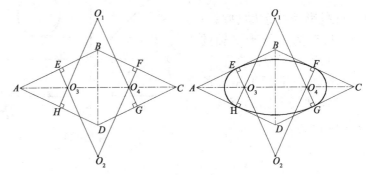

图 2-136

当长短轴相差过大时，用此法所作椭圆容易失真；当长短轴接近时，所作椭圆较为逼真。

（3）平行四边形法作椭圆

已知椭圆的外切平行四边形 $ABCD$，取各边中点连接得共轭轴 $EF$ 和 $GH$；将 $OG$、$DG$ 分别 $n$ 等分，连接 $F$ 与 $DG$ 上各等分点，连接 $E$ 与 $OG$ 上各等分点，两组直线相交，连接相应交点得 $1/4$ 椭圆；同理可作出椭圆的另外 3 段（图 2-137）。

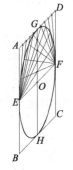

图 2-137

### 2.6.2 平面曲线的投影

一般情况下，平面曲线的投影仍是曲线；当平面曲线所在的平面与投影面平行时，其投影为原形；当平面曲线所在的平面与投影面垂直时，其投影为一直线；当平面曲线所在的平面与投影面倾斜时，其投影为类似形。以圆的投影为例。

· 圆平行于投影面 H：

    H 投影为一等大的圆；

    F 投影为平行于 $x$ 轴的直线，且长度等于圆的直径；

    S 投影为平行于 $y$ 轴的直线，且长度等于圆的直径（图2-138）。

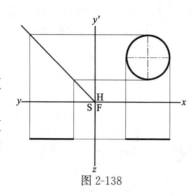

图 2-138

· 圆垂直于投影面 F：

    F 投影为一直线，且长度等于圆的直径；

    H 投影为一椭圆；S 投影为一椭圆（图2-139）。

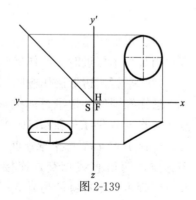

图 2-139

### 2.6.3 空间曲线的投影

通常空间曲线在三个投影面上的投影都是曲线。以螺旋线为例，螺旋线是点在匀速旋转的同时等速上升所留下的轨迹（图2-140）。

如图2-141所示，三面投影体系中，螺旋线的 H 投影是圆，F、S 投影是正弦或余弦曲线。

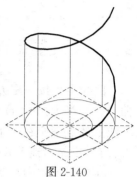

图 2-140

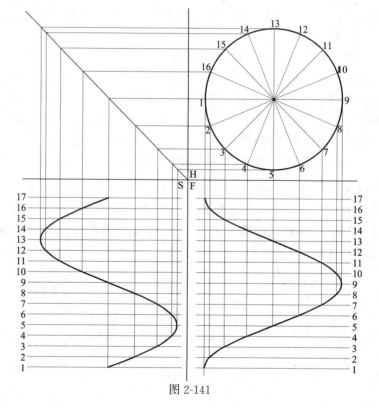

图 2-141

### 2.6.4 曲面的投影

通常可以用两种方法描述曲面的形成，一种称为运动学方法，一种称为骨架理论。

运动学方法：在空间中，线α按一定规律运动形成曲面。在形成曲面的过程中，线α可以保持不变也可以改变自己的形状——弯曲或伸缩变形。线α称为母线，控制母线运动的线称为导线，母线停留的任意位置称为素线（图2-142）。

图 2-142

骨架理论：用属于曲面的点和线描述曲面的方法。所选择的点或线应能够以足够的精度确定曲面的形状。确定曲面的点集或线集称为曲面的骨架。骨架线的形成规律称为骨架规律。一般采用一组平行平面或两组相交的平行平面截切曲面，所得到的一组或两组平面曲线，作为曲面的骨架线（图2-143）。

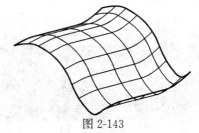

图 2-143

同一曲面可以通过不同的方法形成。如圆柱，至少可以通过以下三种方法形成：A. 直线绕轴旋转；B. 曲线绕轴旋转；C. 圆周平行移动（图2-144）。在描述曲面时，我们应该选择最简便的方式来描述为好。

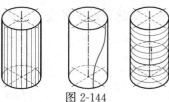

图 2-144

曲面的投影可以用曲面的轮廓线和素线的投影来表达，也可以用曲面骨架线的投影来表达。

由于曲面的复杂，分类十分困难，通常可以根据母线和导线是直线还是曲线来粗略地分类。而由于建筑物中，任何曲面都是由一定的结构体系支撑，由一定的结构构件组成，所以用骨架理论来理解曲面更为容易。

• 曲面的分类见图2-145。

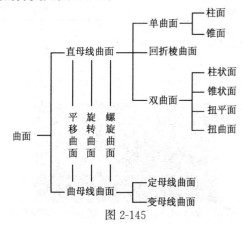

图 2-145

## 1）柱面

直母线 $a$ 沿着一条曲导线 $m$ 且平行于一条直导线 $l$ 运动，即形成柱面（图 2-146）；导线 $m$ 为圆周的柱面称为圆柱面（图 2-147）；母线垂直于圆周所在平面的圆柱面称为正圆柱面（图 2-148、图 2-149）。它在建筑领域中的应用最为广泛（图 2-150）。

## 2）锥面

直母线 $a$ 一端在一固定点，另一端沿着一条曲导线 $m$ 运动，即形成锥面（图 2-151），此固定点称为锥面的顶点。导线 $m$ 为圆周的锥面称为圆锥面（图 2-152），导线圆周的圆心与圆锥顶点的连线垂直于圆周所在平面的称为正圆锥面（图 2-153）。实例见图 2-154、图 2-155。

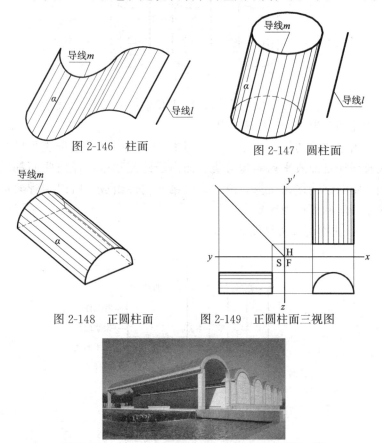

图 2-146　柱面　　　　图 2-147　圆柱面

图 2-148　正圆柱面　　图 2-149　正圆柱面三视图

图 2-150　金·贝艺术博物馆　建筑师：路易斯·康

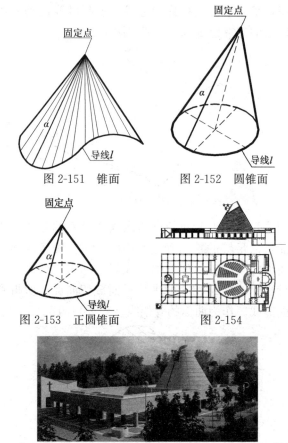

图 2-151　锥面　　　　图 2-152　圆锥面

图 2-153　正圆锥面　　图 2-154

图 2-155　意大利　比陀·奥德黎柯教堂　建筑师：马里奥·博塔

### 3）回折棱曲面（切线曲面）

回折棱曲面的形成方法如图 2-156 所示：空间中一点 $S$ 和一曲导线 $m$，先将曲导线 $m$ 等分为 $n$ 段，以点 1，2，3，4……$n$ 表示；连接 $S1$，并在 $S1$ 上，自 $S$ 向下截取 $SS_1=a$，再连接 $S_1 2$，并在 $S_1 2$ 上，自 $S_1$ 向下截取 $S_1 S_2=a$，……这样重复 $n$ 次后，就可得到一系列连续的折面 $S_1 12$、$S_2 23$、$S_3 34$……$S_n (n+1)$。若减少 $a$ 的长度至无穷小，则折线 $SS_1$、$S_1 S_2$、$S_2 S_3$……$S_{n-1} S_n$ 就变成空间光滑曲线，称为回折棱；而这些连续的折面也变成空间光滑曲面，称为回折棱面。

$S1$、$S_1 2$、$S_2 3$……均是回折棱的切线，所以这种曲面，也称为切线曲面（图 2-157）。建筑工程上有类似此曲面的应用（图 2-158）。

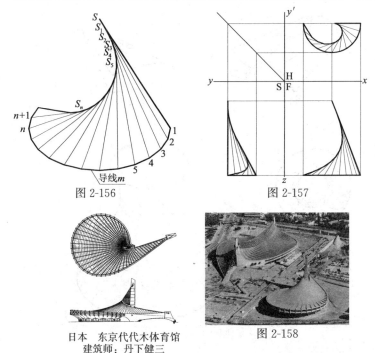

图 2-156

图 2-157

日本　东京代代木体育馆
建筑师：丹下健三

图 2-158

### 4）柱状面

直母线 $a$ 沿着两条曲导线 $m$ 和 $n$，且平行于一导平面 $P$ 运动，即形成柱状面。当其中一条导线所在平面垂直于导平面时，称为正柱状面（图 2-159）。

当取与导平面垂直的平面为投影面时，素线的投影相互间平行（图 2-160）。

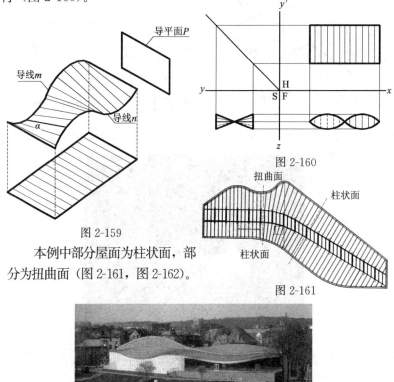

图 2-160

图 2-159

本例中部分屋面为柱状面，部分为扭曲面（图 2-161，图 2-162）。

图 2-161

图 2-162　波兰　日本艺术和技术中心　建筑师：矶崎新

**5）锥状面**

直母线 $a$ 沿着一条直导线 $m$ 和一条曲导线 $n$，且平行于一导平面 $P$ 运动，即形成锥状面（图 2-163）。当直导线垂直于导平面时，称为正锥状面（图 2-164）。锥状面实例见图 2-165。

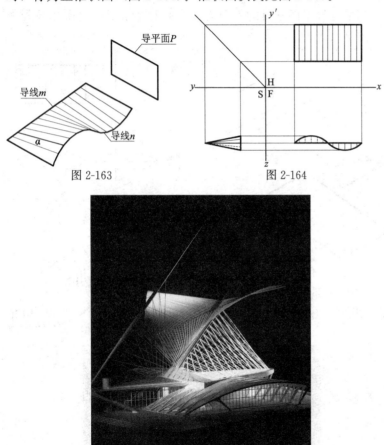

图 2-163

图 2-164

图 2-165　美国　密尔沃基艺术博物馆模型　建筑师：圣地亚哥·卡拉特拉瓦

64

**6）扭曲面**

扭曲面的形式非常多。扭曲面是由三条导线所确定的直母线曲面。它与柱状面、锥状面的区别是，素线并不平行于一个导平面，而是由第三条导线来确定它们的空间位置（图 2-166）。

图 2-167 所示曲面的导线是：三条在相互平行的平面上的光滑曲线，所形成的曲面用于机翼的设计。

图 2-168 是以两个所在平面相互平行的圆为导线所形成的扭曲面，喉圆是第三条导线，此曲面也可以通过曲母线绕轴旋转形成。

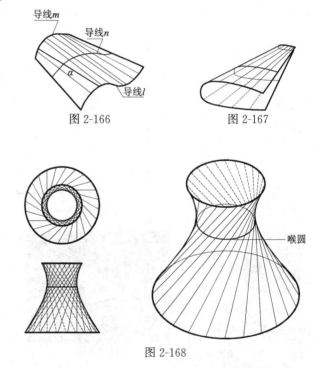

图 2-166

图 2-167

图 2-168

**7）双曲抛物面**（扭平面）

直母线 $a$ 沿着两条交叉的直导线 $m$ 和 $n$，且平行于一导平面 $P$ 运动，即形成双曲抛物面（图 2-169）。

双曲抛物面的剖切面特点：

（1）沿对角线方向的垂直剖切面，截交线为抛物线，一个向上弯曲，一个向下弯曲。

（2）平行于边线的垂直剖切面，截交线为直线。

（3）水平剖切面，截交线为双曲线；过中点的水平剖切面，截交线为两相交水平线（图 2-170）。

对角线方向的正投影，轮廓线为抛物线（图 2-171）。

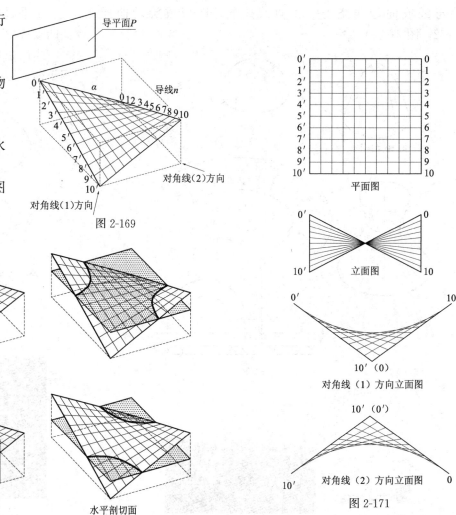

图 2-169

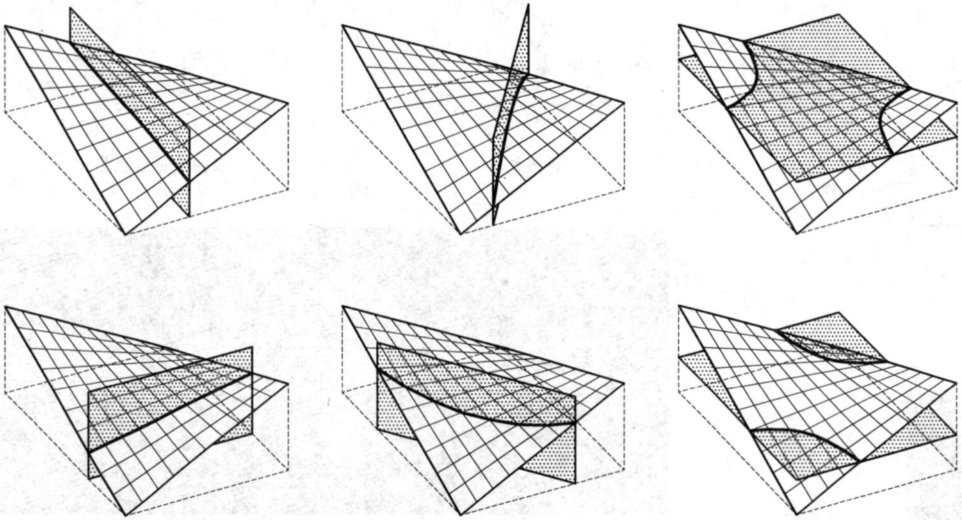

平面图

立面图

对角线（1）方向立面图

对角线（2）方向立面图

图 2-171

平行于边线的垂直剖切面　　对角线方向垂直剖切面　　水平剖切面

图 2-170

65

## 8）旋转曲面

直母线或曲母线绕着一条直线旋转，即形成旋转曲面（图2-172，图2-173）。

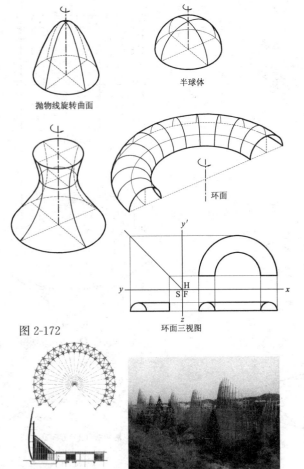

图 2-172

图 2-173　新卡里多尼亚 让-玛丽·吉芭欧文化中心 建筑师：伦佐·皮亚诺

## 9）平移曲面

由平面曲线沿一个方向运动所形成的曲面称为平移曲面，曲面的素线相互平行。

当母线与导线均为圆弧，且曲率相等时，所形成的曲面，常用于薄壳结构，称为双曲薄壳（图2-174、图2-175）。

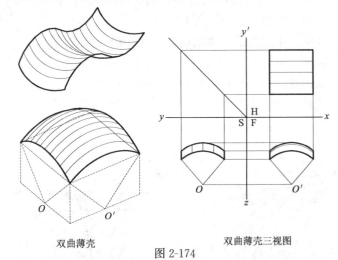

图 2-174

图 2-175　曼谷　亚运会体育场和水上活动中心 建筑师：
　　　　　COX 建筑师事务所

## 10）螺旋面

当直线或曲线进行螺旋运动时，形成螺旋面（图 2-176）。

当母线与旋转轴垂直时称为正螺旋面，不垂直则称为斜螺旋面。

旋转楼梯在建筑中十分常见，根据楼梯构造（图 2-177a），在整个梯段的侧面会有三条螺旋线，两虚一实。图 2-177b 说明了旋转楼梯的画法。图 2-178 是一个实例照片，可以帮助我们理解。

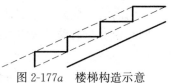

图 2-177a 楼梯构造示意

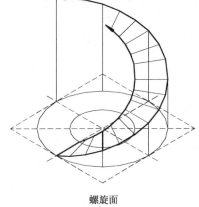

螺旋面
图 2-176

图 2-178

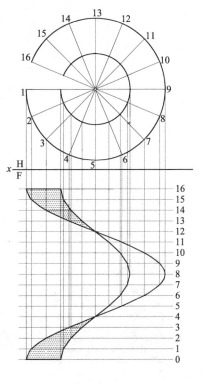

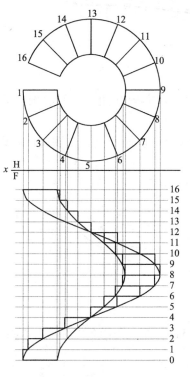

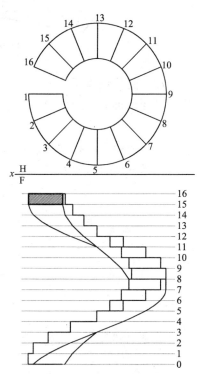

图 2-177b 螺旋楼梯的画法

### 11）定母线曲面

曲面的母线为一确定曲线（空间或平面），沿一曲导线运动，方向和角度在运动过程中可以按一定规律变化（图 2-179）。

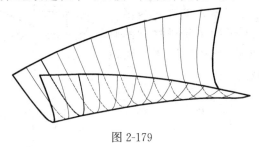

图 2-179

### 12）变母线曲面

可变的曲母线沿一曲导线运动，方向和角度均可变化（图 2-180）。

此类曲面中，若母线、导线的变化规律不是十分明确，则以骨架理论来描述更为适合。

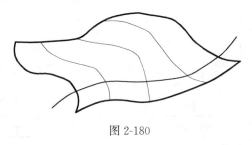

图 2-180

如著名建筑师弗兰克·盖里设计的西班牙毕尔巴鄂古根海姆

现代艺术博物馆，由许多变母线曲面组成，每一曲面的表达和定位，均是依靠计算机建立骨架模型而得到的（图 2-181、图 2-182）。

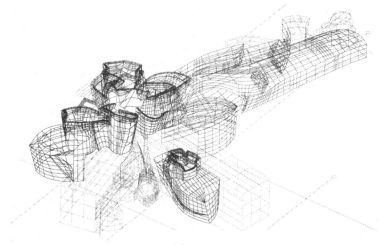

图 2-181

图 2-182　西班牙　毕尔巴鄂　古根海姆现代艺术博物
建筑师：弗兰克·盖里

## 2.6.5 曲面相交

**【例题 2-46】**已知：矩形柱与圆锥形基础相交，已知 H 投影和 F、S 投影的一部分。

求：交线，完成 F、S 投影（图 2-183）。

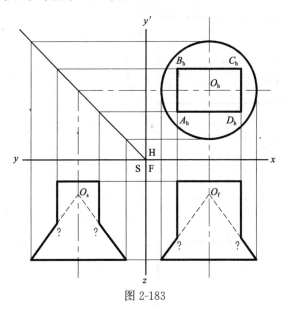

图 2-183

分析：在 H 投影上，矩形柱的侧面，积聚为直线，圆锥上的素线与它的交点都是交线上的点，求出足够多的交点可作出光滑的曲线交线。由于对称，在 F、S 视图中，只需分别求出交线的一半即可。

作图步骤：

（1）在 H 投影上连接 $O_h A_h$ 并延伸，与圆周相交于 $A'_h$，自 $A'_h$ 分别引投影连线至 F、S 视图得 $A'_f$、$A'_s$；连接 $O_f A'_f$、$O_s A'_s$；自 $A_h$ 分别引投影连线至 F、S 视图，与 $O_f A'_f$、$O_s A_s$ 交于 $A''_f$、$A''_s$。

（2）在 F 视图上 $O_f 8'_f$ 与矩形柱的侧边相交于 $8_f$，自 $8_f$ 引投影连线至 S 视图，交 $O_s 8'_s$ 于 $8_s$。在 S 视图上 $O_s 4'_s$ 与矩形柱的侧边相交于 $4_s$，自 $4_s$ 引投形连线至 F 视图，交 $O_f 4'_f$ 于 $4_f$。

（3）在 H 投影，圆周上取任意点 $1'_h$，连接 $O_h 1'_h$，与矩形柱侧面 $A_h D_h$ 相交于 $1_h$。自 $1'_h$ 引垂直投影连线到 F 投影得 $1'_f$，连接 $O_f 1'_f$；自 $1_h$ 引垂直投影连线到 F 投影交 $O_f 1'_f$ 于 $1_f$。

（4）在圆周上取 $2'_h$、$3'_h$，重复（3）的步骤，得 $2_f$、$3_f$。

（5）在 H 投影，圆周上取任意点 $5'_h$，连接 $O_h 5'_h$，与矩形柱侧面 $A_h B_h$ 相交于 $5_h$。自 $5'_h$ 作垂直投影连线到 S 投影得 $5'_s$，连接 $O_s 5'_s$；自 $5_h$ 引垂直投影连线到 S 投影交 $O_s 5'_s$ 于 $5_s$。

（6）在圆周上取 $6'_h$、$7'_h$，重复（5）的步骤，得 $6_s$、$7_s$。

（7）在 F 投影上，用光滑曲线连接 $A''_f 1_f 2_f 3_f 4_f$，并作出对称的另一半。

（8）在 S 投影上，用光滑曲线连接 $A''_s 5_s 6_s 7_s 8_s$，并作出对称的另一半。

这种方法称为素线法，特别适合用于锥面与其他平面或曲面相交（图 2-184）。

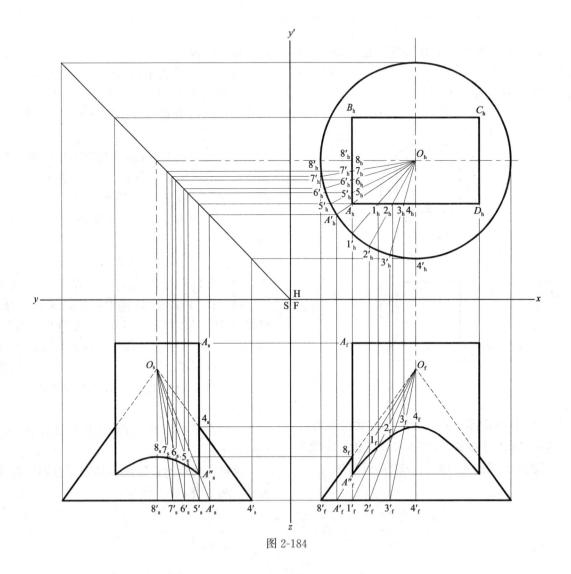

图 2-184

【例题 2-47】已知：圆柱与半圆球相交，已知 H 投影和 F、S 投影的一部分（图 2-185）。

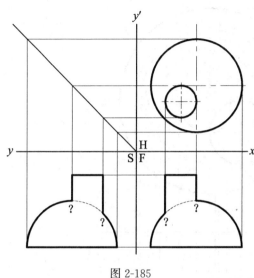

图 2-185

求：交线，完成 F、S 投影。

分析：若用一水平面同时切过圆柱与半圆球，可分别得到两条交线，均是圆；这两个圆的交点，应是这两曲面交线上的点。若用一系列的水平面切过两曲面，则可得一系列的交点，用光滑曲线连接这些交点，即得两曲面的交线。

作图步骤：

（1）圆柱在 H 投影上积聚为一个圆，则交线的 H 投影也为这一圆。

（2）先在交线的 H 投影上，标出 $A_h$、$B_h$、$C_h$、$D_h$、$E_h$、$F_h$ 几个关键点，求其 F、S 投影。

（3）在 H 投影，以 $O_h$ 为圆心，以 $O_hA_h$ 为半径作圆，与 $O_hM_h$ 交于 $6_h$；过 $6_h$ 作垂直投影连线到 F 投影，交圆弧 $O_fM_f$ 于 $6_f$；过 $6_f$ 作平行于 $x$ 轴的直线；自 $A_h$ 引投影连线到 F 投影，相交于 $A_f$。事实上，过 $6_f$ 平行于 $x$ 轴的直线就是水平切面的 F 投影，可将其标注为切面 6。

（4）在 H 投影，再分别以 $O_h$ 为圆心，以 $O_hF_h$、$O_hE_h$、$O_hB_h$ 为半径作圆，重复（3）的步骤，可作出切面 1、2 和 5，从而求得 $F_f$、$E_f$、$D_f$、$B_f$、$C_f$。

（5）为得到足够多的点连接光滑曲线，在交线的 H 投影上，增加 $G_h$、$H_h$、$J_h$、$K_h$ 几个任意点，重复（3）的步骤，可作出切面 3 和 4，从而求得 $G_f$、$H_f$、$J_f$、$K_f$。

（6）用光滑曲线连接 $A_f$、$C_f$、$J_f$、$G_f$、$D_f$、$F_f$、$E_f$、$H_f$、$K_f$、$B_f$，得到交线的 F 投影。再求出 S 投影（图 2-186）。

这种方法称为切面法。只要两曲面被同一平面切过后，留下的切口可以方便地在三视图中画出，比如切口是圆或直线，就可使用此法。

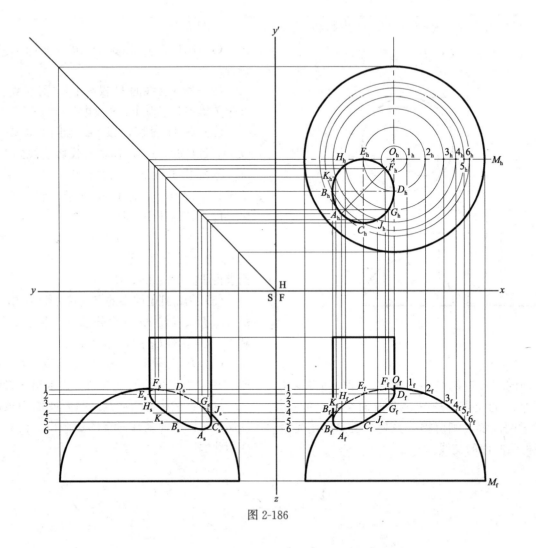

图 2-186

## 2.7 多面视图与剖切视图

### 2.7.1 多面视图

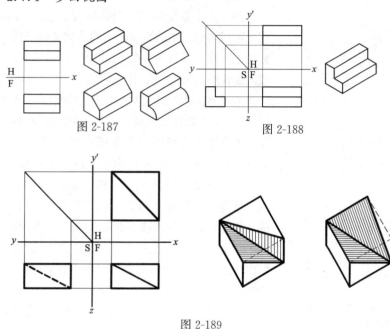

图 2-187

图 2-188

图 2-189

的定位问题和量度问题。但对于三维物体来说，虽然从理论上讲，两面视图也可以表达，但由于通常不标注每一个点的投影，所以极易引起歧义。如图 2-187 所示，四个物体的 H、F 投影都是相同的，我们只有通过增加一个 S 投影，才能明确物体的形状（图 2-188）。

通常情况下，三视图可以较清楚、全面地表达三维物体，所以我们经常用三视图来表达或研究空间中简单形体的状况。但三视图并不能保证对所有形体的表达都不产生歧义（图 2-189），可以通过增加第四个视图避免这一情况（图 2-190）。

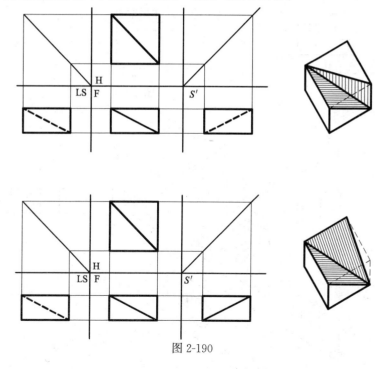

图 2-190

表达一个物体所需的视图数量与物体的几何特征以及它的复杂程度有关。

由于一个视图只能表达两个方向的尺寸，所以单一视图无法全面表达三维空间中的任何形体。如果我们用两个视图（H、F 投影）共同表达，则可以反映三个方向的尺寸，两面视图可以全面表达三维空间中的点、直线、平面等几何要素，尤其当每个点的投影都标注时。因此，我们通常利用两面投影来研究点、线、面

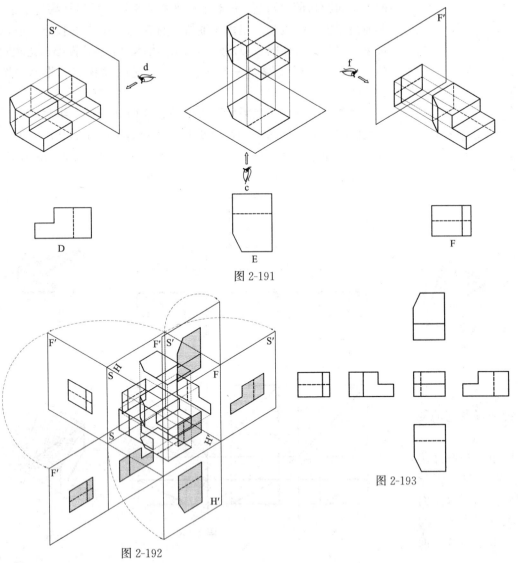

图 2-191

图 2-192

图 2-193

当然，四面视图同样有产生歧义的可能，我们仍然可以通过增加视图来确切表达物体，画出五面甚至六面视图。

除了为了避免歧义，当物体较复杂时，我们也可以增加视图的数量，来明确物体的形状。如对于家具、器具等较复杂的物体，画出五面或六面视图不失为一个很好的表达方法。

六面视图的生成方法与三视图相似，在 F、H、S 三个投影面的基础上，再在物体的右侧、正下方和正后方增加三个投影面 S′、H′和 F′，如图 2-191 所示，在 S′投影面上得到的正投影称为右视图或 S′投影；在 H′投影面上得到的正投影称为仰视图或 H′投影；在 F′投影面上得到的正投影称为后视图或 F′投影。F、H、S、S′、H′和 F′这六个投影面称为基本投影面，按照图 2-192 所示的方式展开，我们可以得到物体的六面视图（图 2-193）。

在设立投影面时，应使从正前方投影的视图，即正视图尽量反映物体的主要几何特征。正视图也称为主视图，展开后，其余五个视图与正视图的位置关系是：顶视图在它的上方，底视图在它的下方，左视图在它的左边，右视图在它的右边，后视图可以在左视图的左边，也可以在右视图的右边。当我们按照这一位置对应关系画六面视图时，每个视图的名称可以不用标注。

图 2-194 所示是某公司接待台，它的六面视图如图 2-195 所示。

对于复杂物体的六面视图来说，物体的每个侧面都可清晰表达，而且过多的虚线（不可见线）反而影响表达的清晰，因此不可见线也可以不再画出。

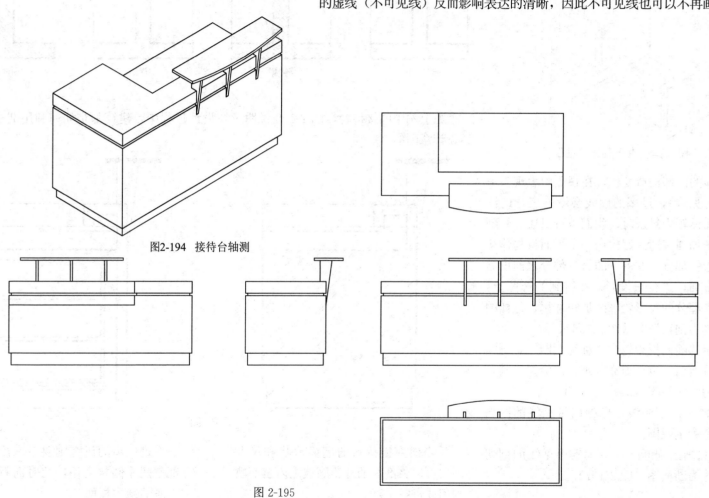

图2-194　接待台轴测

图 2-195

## 2.7.2 剖切视图

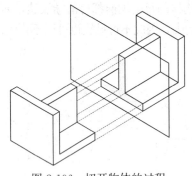

图 2-196 切开物体的过程

物体的内部构造变化，在视图中表现为虚线（不可见线），过多的虚线会影响表达的清晰，当物体较为复杂时，我们也可以通过画剖切视图来加强表达。假想用一个平面将物体切开，移走一部分，在剩下的另一部分之前设立一个投影面，进行正投影；在得到的视图上，将被切断部分的投影轮廓线加粗加深，这样的视图就称为剖切视图（图 2-196）。

加粗的断面投影轮廓线称为剖断线，剖断线框内可留白，也可填充纹理，或涂黑。其余可见线用细实线表示。

- 既画出剖断线，也画出可见线的剖切视图，称为剖视图。
- 只画出剖断线，不画出可见线的剖切视图，称为断面图（图 2-197）。

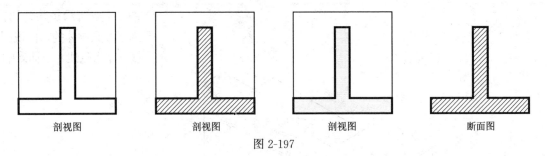

| 剖视图 | 剖视图 | 剖视图 | 断面图 |

图 2-197

如上例中的接待台，图 2-198 说明了在设计过程中，建筑师是如何利用剖视图来表达设计意图的：

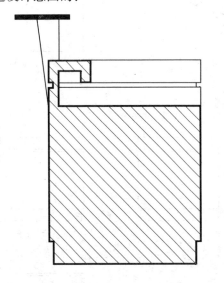 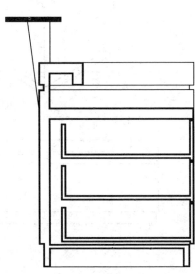

图 2-198

当研究接待台的剖面形状和尺度时，可以将剖断的外轮廓线之内全部填充斜线进行示意。

进一步的研究则要考虑接待台内部空间作储物之用，此时剖断线表示抽屉的结构板面。

## 2.8 视图的配置方法

综合前面的内容，我们知道要用视图表达一个三维物体，可以设立二到六个相互垂直的基本投影面，得到的六个正投影称为基本视图。当我们将六个基本投影面展开时，六个基本视图就会按一定的方式排列，这种视图的排列称为视图的配置。视图的配置方法不止一种，本章上述方法称为第三角画法，事实上，还有第一角画法、向视图画法和镜像投影画法三种。

### 1）第一角画法与第三角画法

水平投影面 H 与铅垂投影面 F 称为主投影面，它们垂直相交，两投影面将空间分为四个分角，分别标注为：第一分角、第二分角、第三分角、第四分角。将物体放置在第一分角内进行正投影，就称为第一角画法；将物体放置在第三分角内进行正投影，就称为第三角画法（图2-199）。

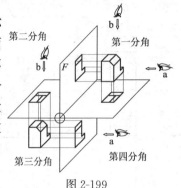

图 2-199

采用第一角画法时，物体被放置在第一分角内，这时物体处于观察者与投影面之间，投射过程是：投射线→物体→投影面。

采用第三角画法时，物体被放置在第三分角内，这时投影面置于观察者和物体之间，投射过程是：投射线→投影面→物体。

如果我们用生活中的事来打个比方，那么第一角画法的投射过程，就像是把物体放在墙面之前，让垂直于墙面的一组平行光线照射到物体上，在物体身后的墙面上留下影子。而第三角画法的投射过程，就像是观察者透过一片玻璃，从无穷远的地方观察

物体，并让视线垂直于玻璃面，将看到的形象画在玻璃面上。

我们会发现无论采用哪一种画法，在同一个投影面上所得的投影是一样的；但如果将投影面展开，用这两种画法所得的视图排列，即视图的配置却是不同的。

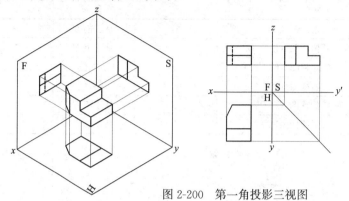

图 2-200　第一角投影三视图

三视图需要在两面投影的基础上增加一个侧面投影，若选择增加左视图，则第一角画法的投影过程和展开后所得三视图如图2-200所示；第三角画法的投影过程和展开后所得三视图如图2-201所示。

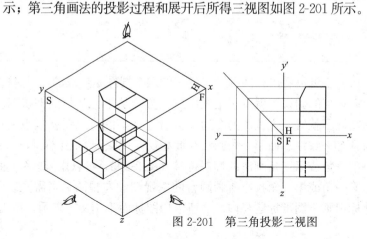

图 2-201　第三角投影三视图

77

两种画法六面视图配置的区别见表 2-1：

表 2-1

| 视 图 名 称 | 观 察 方 向 | | 视 图 配 置 位 置 | |
| --- | --- | --- | --- | --- |
| | | | 第三角投影画法 | 第一角投影画法 |
| 正视图（A） | a | 从正前方 | 作为主视图 | 作为主视图 |
| 俯视图（B） | b | 从正上方 | 在主视图上方 | 在主视图下方 |
| 左视图（C） | c | 从左侧 | 在主视图左边 | 在主视图右边 |
| 右视图（D） | d | 从右侧 | 在主视图右边 | 在主视图左边 |
| 仰视图（E） | e | 从正下方 | 在主视图下方 | 在主视图上方 |
| 后视图（F） 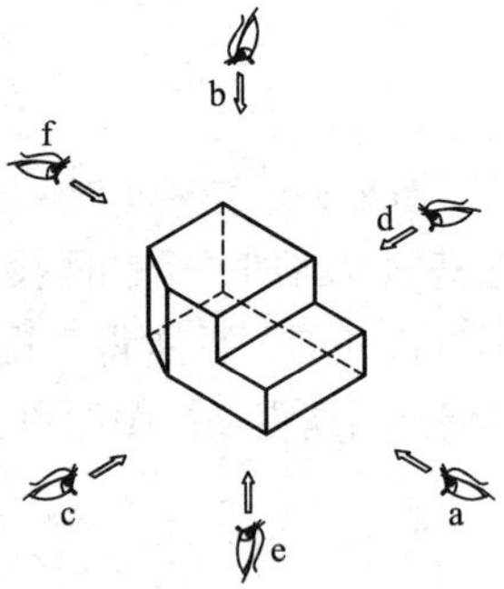 | f | 从正后方 | 在主视图左边或右边 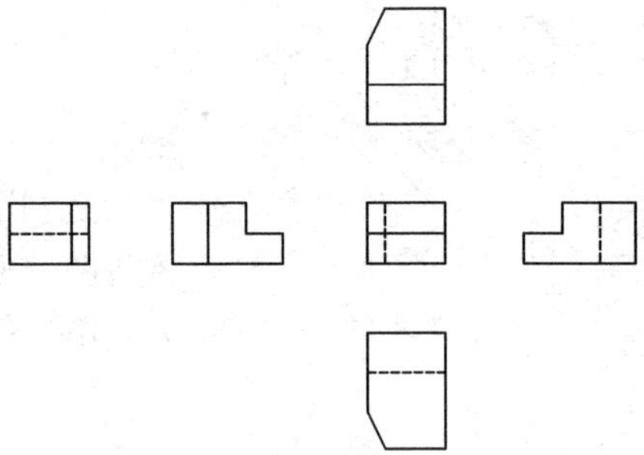 | 在主视图左边或右边 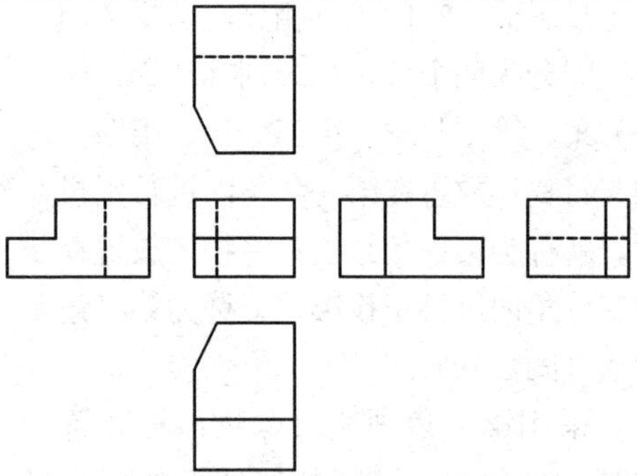 |

从上表可以看出，两种画法所得的六个视图是一致的，只是配置不同。第三角画法的配置是：从上方观察的俯视图就置于主视图的上方，从下方观察的仰视图就置于主视图的下方，从左边观察的左视图就置于主视图的左边，从右边观察的右视图就置于主视图的右边，视图的配置与观察方向具有一致性。而第一角画法与此相反，视图配置的位置与观察方向正好是相反的。

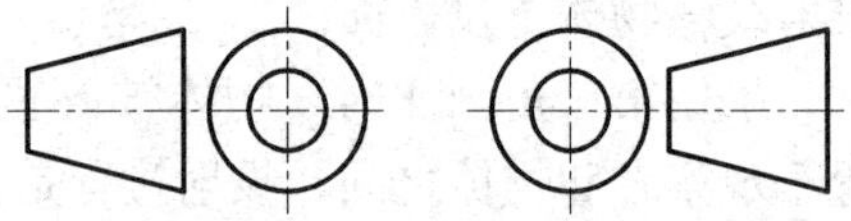

第一角或第三角画法的标识符号（图 2-202）可以用来区分这两种画法，事实上该标识就是一个用第一角或第三角投影所画圆台的主视图和左视图。当需要说明视图是用哪种画法所画时，应将此标识画于图纸标题栏内。之所以用图标而不用文字表示，是为了避免对任何特定语言的依赖，图标是全世界通用的表示方法。

第一角投影画法标识　　第三角投影画法标识

图 2-202

## 2) 向视图画法

向视图画法表达视图之间的关联并不依靠视图排列的位置关系，而是靠标注。每一个视图的位置都是自由的，但每个视图都必须用大写字母 A、B、C、D、E、F 进行标注，对应地，在主视图和右（或左）视图上用相应的小写字母 a、b、c、d、e、f 和箭头表明观察方向（图 2-203）。

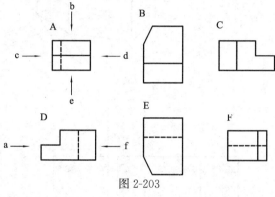

图 2-203

也可以在每个视图下方用文字标出视图名称，这时表示观察方向的箭头就不用标注了（图 2-204）。

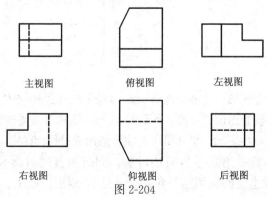

主视图　　　　俯视图　　　　左视图

右视图　　　　仰视图　　　　后视图

图 2-204

## 3) 镜像投影画法

镜像投影画法是一种特殊的正投影画法。如图 2-205 所示，在物体的下方设立一个投影面，物体正投影在这个投影面上。假设这个投影面不是透明的，而是一个镜面，那么我们在这投影面的上方观察镜面上的反射图形，即得到图 2-206 所示的镜像投影。

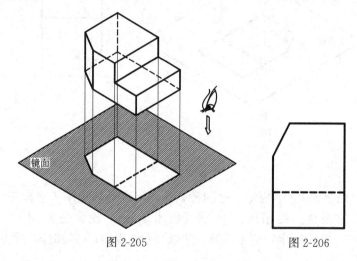

图 2-205　　　　　　　　　　图 2-206

镜像投影与仰视图表达的均是物体底面的形态，它们的区别在于仰视图是观察者直接站在物体的下方观看（图 2-207），而镜像投影是观察者从镜面的上方看镜面中反射出的物体底面形态。因此，我们会发现镜像投影的外轮廓，不是与仰视图一致，而是与俯视图一致的。这会给某些图的绘制带来方便，如在建筑装修图中，吊顶平面图就是用镜像投影画法来绘制。

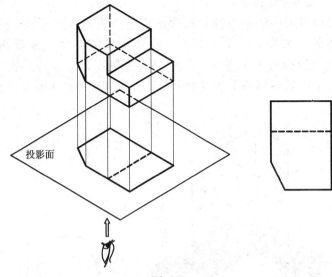

投影面

图 2-207

ISO 国际标准中规定，这四种画法均可以等效地用于多面正投影图的表达。我国国家标准《技术制图　投影法》GB/T 14692—2008 中规定：应采用第一角画法布置视图，必要时容许使用第三角画法。

但比较第一角画法、第三角画法和向视图画法，对于思考三维物体与二维视图之间的转换最为有利的当属第三角画法，因为它的视图配置与观察方向具有一致性，比较符合人的认知规律。就如同我们将一个方盒子拆开，它的前、后、上、下、左、右六个面的连接关系与视图的配置是一致的（图 2-208）。而当我们将这六个面折回合拢，就又恢复了一个方盒子的原形。实际上，在研究视图与轴测图的转换问题时，经常会在头脑中进行这样的"拆开"和"合拢"的思考。

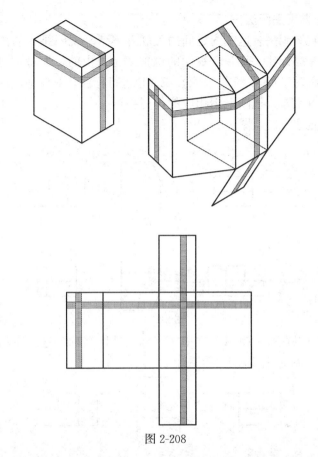

图 2-208

同时考虑到第三角画法是将投影面置于观察者和物体之间，这与透视投影的投影面位置一致，可以将视图、轴测图、透视图所涉及的投影体系统一在一起，且又可以与阴影的形成过程相区别。

所以本章采用第三角画法讲解，同时为方便教学和参考书的阅读，本章主要例题用第一角画法表达方式附于书后。

# 第3章 建筑图

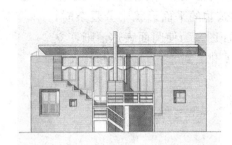

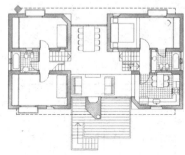

阿根廷 奥利沃斯的住宅
建筑师：拉克罗塞·米根斯·普拉蒂

　　建筑图是建筑物的二维视图加上一些符号和标注形成的。由于建筑物的复杂性，需要用多个视图，包括多个剖切视图，综合起来，才能表达其全貌。

## 3.1 建筑图的生成

### 1）表达建筑物的外观

建筑物通常总是坐落在地面上（图 3-1）。因此，它的外观一般用五个视图来表达。俯视图称为屋顶平面图；四个垂直投影面上的投影称为立面图，通常按照方位以东、南、西、北表示（图 3-2）。当建筑物的平面形状十分复杂时，还可以设立更多的垂直投影面，以得到更多的立面图。为使图面表达清晰，立面图与视图不同，仅画出正对投影面的建筑形体变化，对于建筑内部和背面的形体变化不画，也即一般不画虚线。

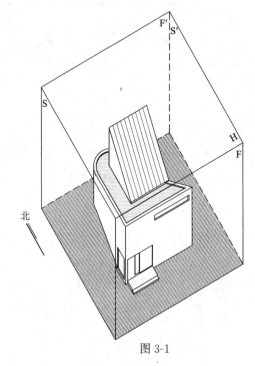

图 3-1

H 视图：屋顶平面图
S 视图：西立面图
F 视图：南立面图
S′视图：东立面图
F′视图：北立面图

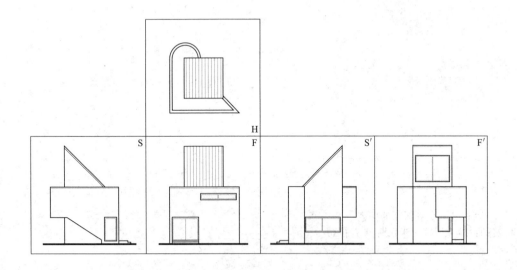

图 3-2　本例原型为美国建筑师查理斯·葛斯密设计的葛斯密工作室

## 2）表达建筑物的内部空间

建筑物的内部空间很复杂，必须用一系列的剖切视图来共同表达。

用水平的平面将建筑物剖切开（图 3-3、图 3-4），得到的剖切视图称为平面图。剖切面的位置通常在窗台之上，这样可以将门窗洞口的位置表达出来。对于多层建筑，应对各层均进行剖切，从而得到各层平面图（图 3-5）。多个完全相同的楼层平面，可以称为标准层平面，用一张图表达。

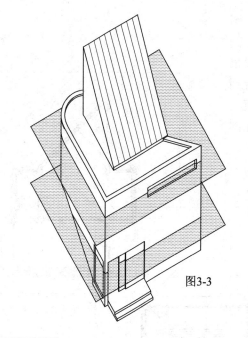

图3-3

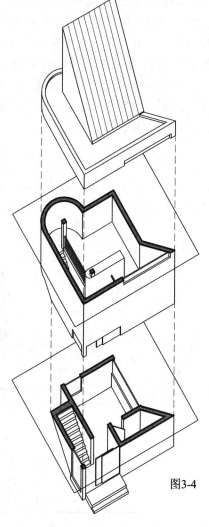

图3-4

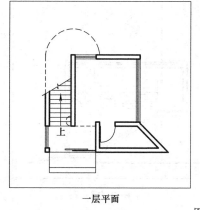

一层平面

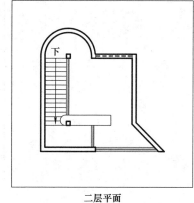

二层平面

图 3-5

用垂直的平面将建筑物切开（图3-6），得到的剖切视图称为剖面图。剖切面通常选择与某一立面平行。可以根据表达的需要，在不同的位置进行剖切，得到多个剖面图，一般以大写英文字母或罗马数字进行编号，如A—A剖面、B—B剖面（图3-7）。

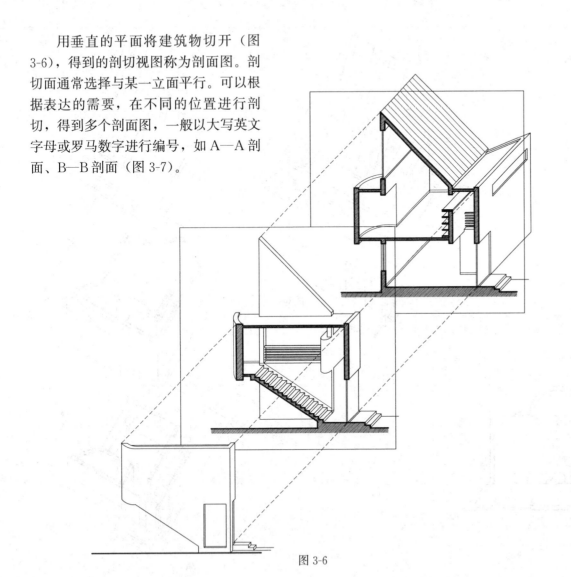

图 3-6

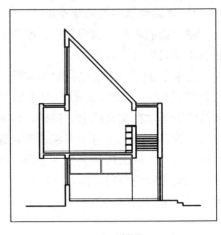

A—A剖面

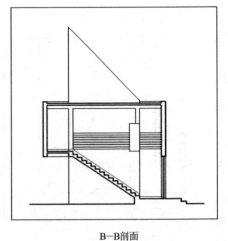

B—B剖面

图 3-7

### 3) 表达建筑物所处的地理位置

通常用较小的比例画出建筑物的屋顶平面或一层平面，同时画出周围一定范围的环境示意，如道路、周边其他建筑物、绿化、水面、山坡等高线等，称为总平面图（图3-8、图3-9）。用来表达建筑物坐落的位置、朝向以及与周围环境的关系。

总平面上应标注比例或比例尺，同时必须标注指北针，以表达方位。有时还画出风玫瑰（表示当地年平均风向的频率，风向从外围吹向中心）反映该地区的常年风向。

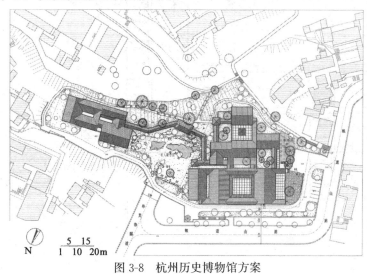

图 3-8　杭州历史博物馆方案

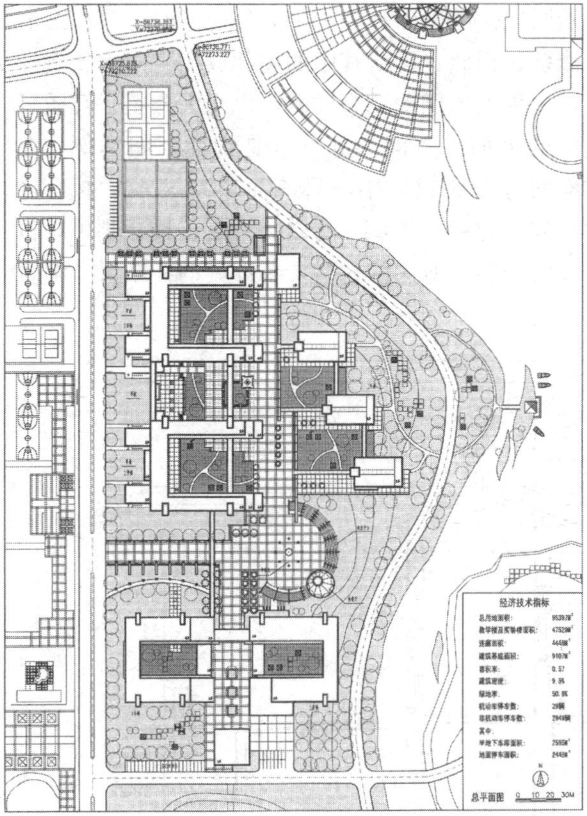

图 3-9

・指北针的画法：

指北针（图 3-10）的箭头示意正北方向，注写大写字母 N。指北针一般标注在总平面图和一层平面图上，其画法应简洁明了。

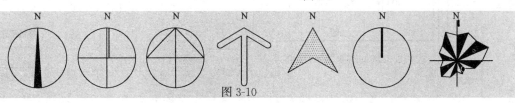

图 3-10

### 4）表达建筑物的细部

由于绘图比例的原因，在画平立剖面图时，许多细节无法表达清楚，因此，可将其中的局部放大，用大比例详细地画出，这种大比例图称为详图，也叫大样图。详图可以是建筑物的平面、立面，也可以是剖面。如本例，在1：100的剖面（图 3-11）中，只能简单地表示栏板、栏杆的高度和外轮廓；而 1：10 的详图（图 3-12）则可以将栏板、栏杆的做法、所用的材料及各部分的详细尺寸都表达出来。

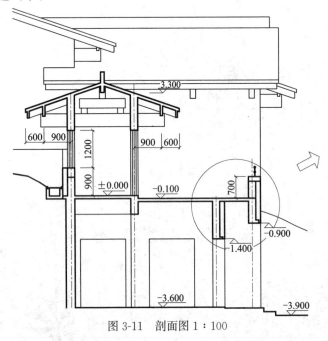

图 3-11　剖面图 1：100

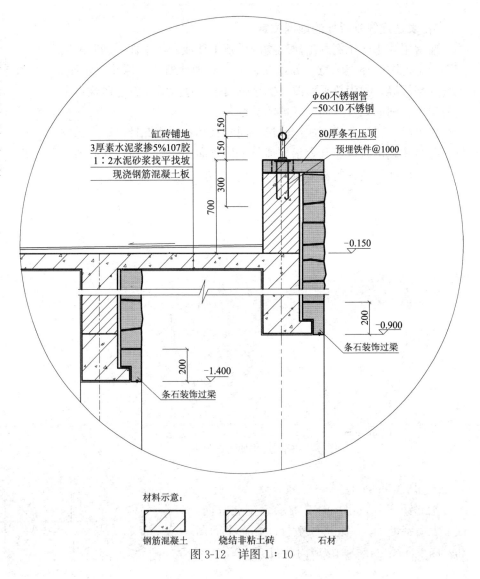

材料示意：

| 钢筋混凝土 | 烧结非粘土砖 | 石材 |

图 3-12　详图 1：10

## 3.2 建筑图的分类

一座建筑从项目确立到建成使用需要经过许多阶段，一般包括以下七个阶段：

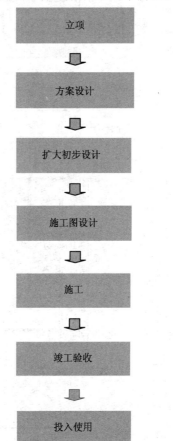

建筑图按用途可以分为四类：

（1）设计图：指设计过程中各阶段所产生的建筑图。设计过程的三个阶段是一个设计思想不断深化的过程，在图纸的表达上也体现出不断深入的特点。

（2）竣工图：指项目建造完成后，按照已建成的建筑物所画的建筑图。竣工图一般在施工图的基础上绘制，可以将与施工图不一致的，在施工阶段所做的变动表达出来。竣工图往往作为建成建筑的原始资料用于存档。

（3）测绘图（实测图）：指对已经存在的建筑物进行实地测量后，画出的建筑图。如古建筑测绘图（图 3-13），其成果作为研究古代建筑的基本资料。

（4）通用设计图（标准设计图）：指国家或地方颁布的，建筑师可以直接引用的一些标准做法，如檐口大样、屋面做法、门窗规格等。

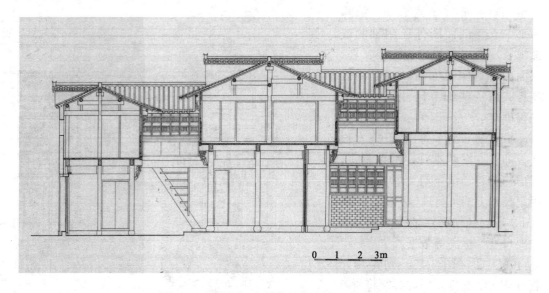

0　1　2　3m

图 3-13　测绘图：安徽歙县徽城镇民居纵剖面
（浙江大学建筑系学生测绘作业）

方案设计、扩大初步设计和施工图设计是设计过程中的三个阶段，这三个阶段是一个设计构思不断确定和深化的过程。每一阶段所侧重的问题不同，在表达上，则表现为图纸数量的增加和表达深度的增加。

方案图（图3-14）侧重于表现设计构思，注重图面效果。在图面上注重表达空间关系、建筑造型和对环境气氛的渲染。如除了平、立、剖面图外还用轴测或透视表现设想中的建筑效果；平、立面图中有家具布置，配景的表现等；而一些细节尺寸则可以不是很确定。

扩大初步设计侧重于技术设计，即在方案基本确定的前提下，考虑与结构、设备等工种的配合，确定技术上的可行性。因此，图纸（图3-15）必须确定轴线的编号和主要尺寸、标高等数据。

施工图（图3-16）则是用于指导施工的文件，因此必须将所有细节表达清楚，标清所有尺寸，注明所有材料，画出各节点大样。

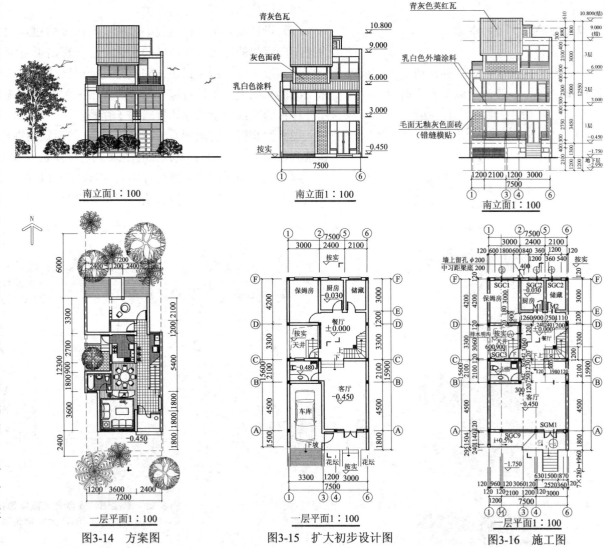

南立面1：100

图3-14　方案图

图3-15　扩大初步设计图

图3-16　施工图

## 3.3 建筑图的画法

### 1）比例

任何建筑图都是按照一定的比例绘制的。比例的意义是指图上尺寸与实际相对应的尺寸的比值，表示为 1：××。如 1：100 的意思是：图上 1cm 的距离表示实际 100cm（即 1m）的距离。

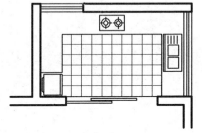

图 3-17a　厨房平面 1：100

比例的大小是指比值的大小。图的比例大小会影响表达的深度，比例越大越能表达细节。如图 3-17 所示厨房平面。

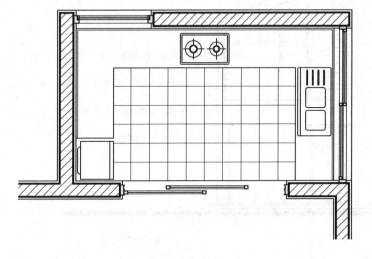

图 3-17b　厨房平面 1：50

比例可以用阿拉伯数字表示，与图名标注在一起。如：一层平面图 1：100，也可以用比例尺表示，如图 3-18 所示。

建筑图常用比例见表 3-1。

| | 建筑图常用比例 | 表 3-1 |
| --- | --- |
| 图　　名 | 比　　例 |
| 总平面图 | 1：500　1：1000　1：2000 |
| 平、立、剖面图 | 1：50　1：100　1：200 |
| 详图 | 1：1　1：2　1：5　1：10　1：20　1：50 |

图 3-18

### 2）图线

在建筑图中，"线"被赋予了一定的意义。不同的线宽（线的粗细）和线型在图中代表不同的含义。

立面图与屋顶平面图均用于表达建筑物的外部造型和表面材质。立面图常按照方位以东南西北表示，而屋顶平面也被称为第五立面。因此，它们是同一类图，其图线画法基本是一致的。

画立面图时，建筑形体的层次关系，即体块关系、远近关系可以通过线条的粗细、深浅来表现。这就是通常所说的"线条分等级"（图 3-19）。由粗到细，由深到浅的顺序一般为：地面线（剖断线）、外轮廓线、主要形体分层次的线、次要形体分层次的线、门窗扇划分线、表面材料划分线（图 3-20）。

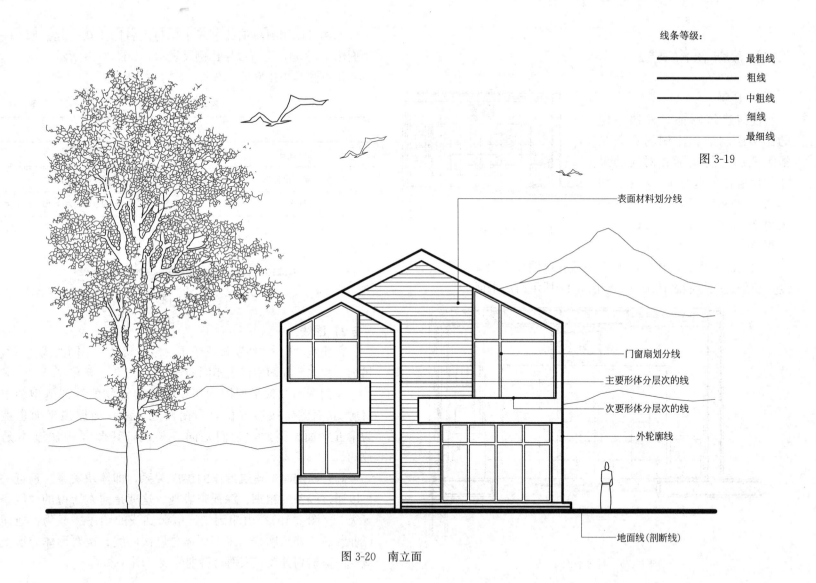

线条等级：

最粗线

粗线

中粗线

细线

最细线

图 3-19

表面材料划分线

门窗扇划分线

主要形体分层次的线

次要形体分层次的线

外轮廓线

地面线（剖断线）

图 3-20　南立面

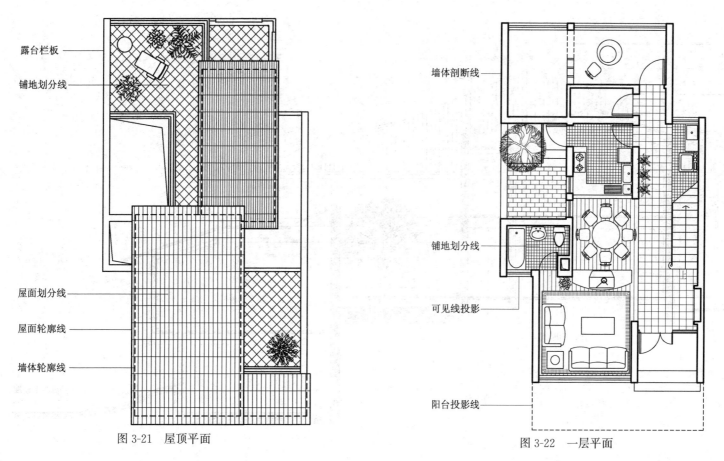

露台栏板

铺地划分线

屋面划分线

屋面轮廓线

墙体轮廓线

图 3-21　屋顶平面

墙体剖断线

铺地划分线

可见线投影

阳台投影线

图 3-22　一层平面

画屋顶平面时，一般不加粗外轮廓线。有挑檐的部分，为了表达出屋顶与下部墙体的关系，往往用虚线画出下部墙体的外轮廓（图 3-21）。

平面图与剖面图均是建筑物的剖切视图，区别仅仅是剖切面的位置不同，因此它们的图线画法是一致的。

在这两类图中，最重要的一点是表达出剖切到的部分与未被剖切到的部分之间的区分。通常用线宽来表示这种区分：剖断线用粗线表示；可见线用细线表示。而且粗细的对比应较为强烈，区别明显（图 3-22）。在平面图上，本层平面之上悬挑出的构件轮廓投影线应用细虚线示意。

91

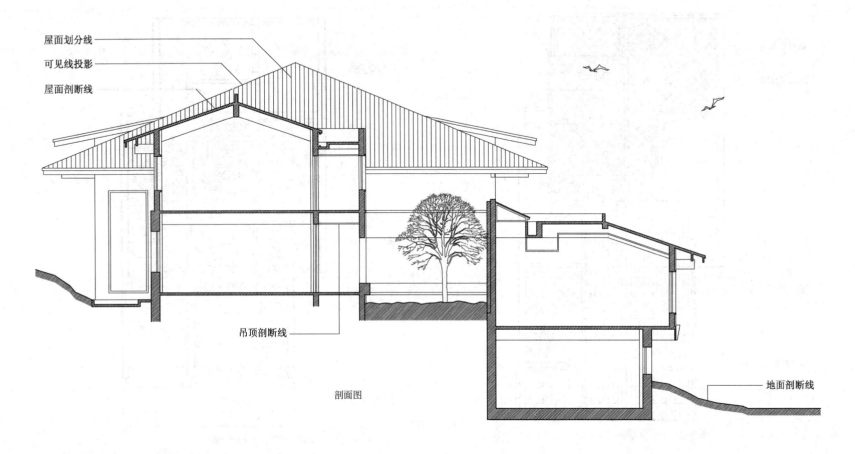

屋面划分线

可见线投影

屋面剖断线

吊顶剖断线

地面剖断线

剖面图

工程名称：杭州茶叶博物馆二期
设计单位：浙江大学建筑设计研究院

图 3-23　剖面图

　　可以将平面图与剖面图中的剖断面填充灰色或黑色来表达（图 3-23）。在表达可见部分时，如要画出表面材质线，则可以用比可见线更细一个等级的线来表达。

## 3) 结构实体

结构实体指的是限定空间的实体要素，如墙、柱、楼板、屋面、地面等。这些实体的剖断线在平面、剖面图上是最醒目的部分，可以有不同的表现方式，如留白、填充纹理、涂黑或涂灰（图3-24）。根据绘图比例的不同，表达的深度也不同（图 3-25）。

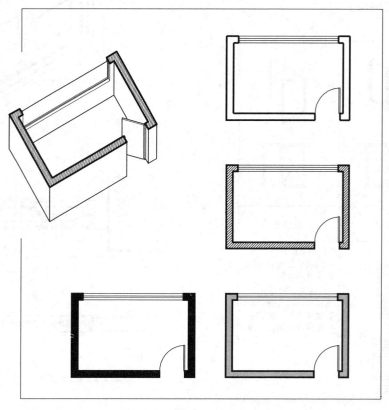

图 3-24　墙体的不同表达方式

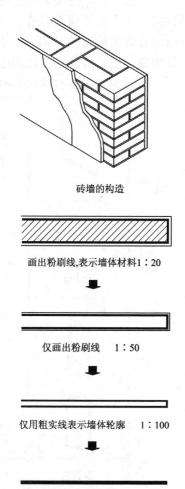

砖墙的构造

画出粉刷线,表示墙体材料1：20

仅画出粉刷线　　1：50

仅用粗实线表示墙体轮廓　　1：100

用一根粗实线表示墙体　　1：200

图 3-25

### 4）门窗画法

门窗的平面和剖面实际上是切开了窗（门）框、窗（门）扇和玻璃之后进行正投影得到的。作为次要建筑构造，剖断线的线宽可以稍细。图 3-27 以 1：10 的比例画出了一扇铝合金推拉窗的平面，由于构件的断面尺寸小，当比例缩小时，就无法详细地画出其构造，于是随着绘图比例逐渐变小，不断简化其画法。

图 3-26 列出了一些常用窗的轴测图与立面图。

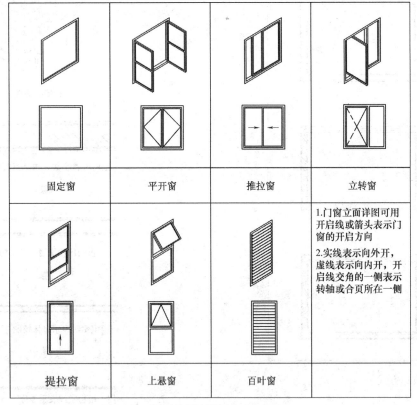

| 固定窗 | 平开窗 | 推拉窗 | 立转窗 |
|---|---|---|---|
| 提拉窗 | 上悬窗 | 百叶窗 | 1.门窗立面详图可用开启线或箭头表示门窗的开启方向<br>2.实线表示向外开，虚线表示向内开，开启线交角的一侧表示转轴或合页所在一侧 |

图 3-26　常用窗的轴测图与立面图　1：100

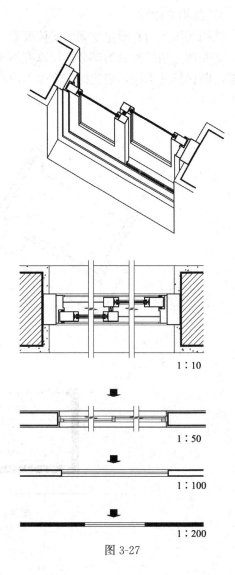

图 3-27

表 3-2 列出了九种常用门的平立剖面图及轴测图，绘图比例为 1∶100。

表 3-2

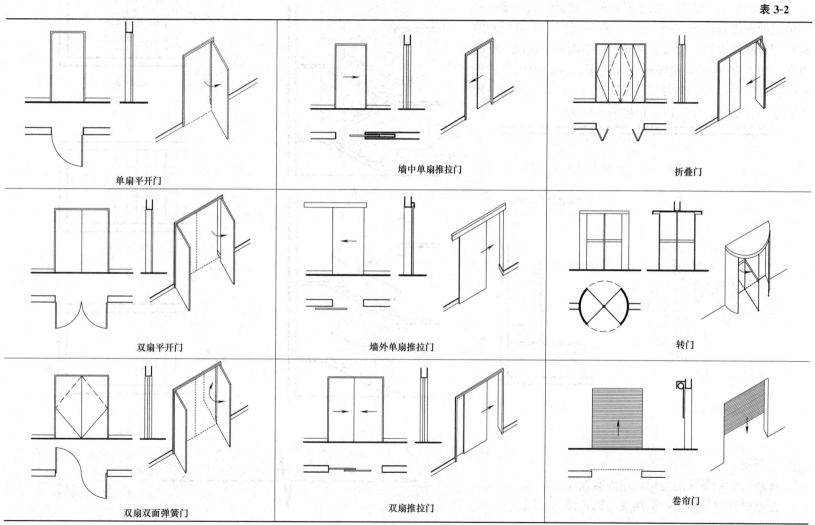

| 单扇平开门 | 墙中单扇推拉门 | 折叠门 |
| 双扇平开门 | 墙外单扇推拉门 | 转门 |
| 双扇双面弹簧门 | 双扇推拉门 | 卷帘门 |

### 5）楼梯画法

楼梯的形式及步数、扶手栏杆的位置及形状均按照实际情况的正投影画出（图3-28）。在平面图中，被剖断的梯段用折断线表示。箭头表示从本层平面向上或向下跑的方向。图3-29表示双跑楼梯的轴测图，我们画出了该楼梯的剖面（图3-30）和各层平面（图3-31），注意同一楼梯的平面在底层、中间层、顶层的不同画法。

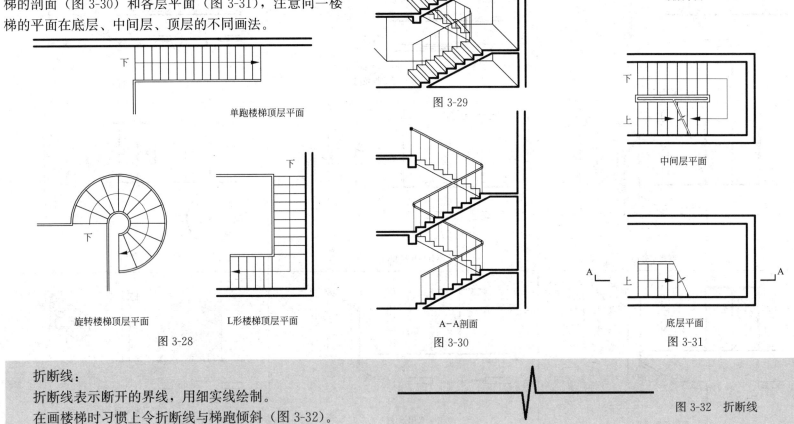

单跑楼梯顶层平面

旋转楼梯顶层平面　　　L形楼梯顶层平面

图3-28

图3-29

A-A剖面

图3-30

顶层平面

中间层平面

底层平面

图3-31

折断线：

折断线表示断开的界线，用细实线绘制。

在画楼梯时习惯上令折断线与梯跑倾斜（图3-32）。

图3-32 折断线

### 6）定位轴线

定位轴线用于确定墙柱在平面上的位置。我们在描述墙与墙的间距时，指的是它们的轴线之间的距离。一般常将墙或柱的中心线作为定位轴线。

画建筑图时，先画出轴线，再根据轴线画出墙的厚度；建造时，也是先在地面上画出轴线的位置，称为放线，然后再根据轴线砌墙或搭模板。

定位轴线用细点画线绘制。在方案阶段，一般仅在绘图开始时画出，而在最终的图纸上不一定表示出来。在初步设计和施工图中，通常应将轴线拉通，并进行编号（图3-33）。

轴线编号注写在轴线端部直径为 10mm 的圆内。横向编号用阿拉伯数字，从左至右编写；纵向编号用大写字母，从下至上编写，其中 I、O、Z 不能作为轴线编号。

在两轴线之间，可以任意增加附加轴线。附加轴线的编号以分数表示。两条轴线之间的附加轴线，以分母表示前一条轴线的编号，分子表示该附加轴线的编号；1 号或 A 号轴线之前的附加轴线，分母以 01 或 0A 表示。

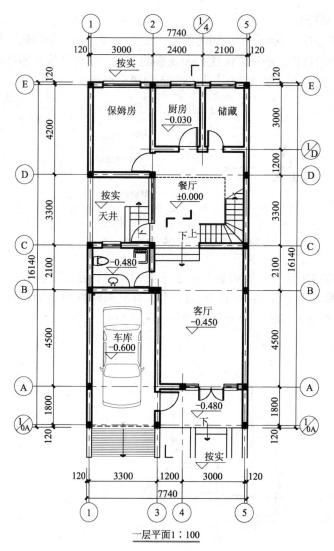

一层平面1∶100

图 3-33　定位轴线的画法

### 7）剖切符号

剖切符号用来说明剖面剖切的位置。如图 3-34 所示，剖切位置线表示剖切的位置，剖视方向线表示观察的方向，剖切符号的编号一般注写在剖视方向线的端部，与该剖面的图名相对应。

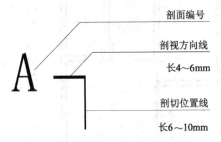

图 3-34　剖面剖切符号的组成

剖面的剖切符号一般示意在一层平面图上，画在剖切位置的两端，两两对应，如 A-A 剖面。也可以画出带转折的剖面，如 B-B 剖面，转折必须在一个空间内进行（图 3-35）。

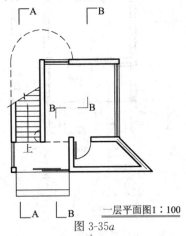

一层平面图1：100

图 3-35a

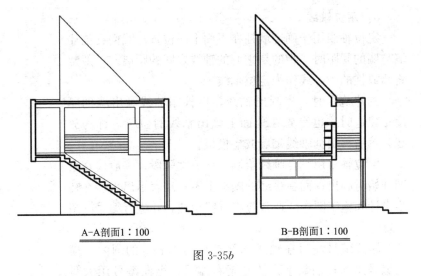

A-A剖面1：100　　　　　　B-B剖面1：100

图 3-35b

### 8）尺寸标注

（1）尺寸的组成

建筑图上的尺寸由尺寸界线、尺寸线、尺寸起止符号、尺寸数字等组成。标注的数字以毫米为单位，精确到个位数。如注写"1360"即表示长度为"1.36m"（图 3-36）。

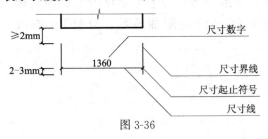

图 3-36

（2）尺寸的排列

建筑图中的尺寸应注成尺寸链，尺寸之间不能存在空缺。平面图上通常标注三道尺寸：外包尺寸、轴线尺寸、分尺寸，由外至内排列，尺寸线相互间距 7～10mm。轴线尺寸是各定位轴线之间的距离；外包尺寸指的是建筑物某一方向的总尺寸，是各轴线间尺寸的总和加外墙的墙厚，得出的尺寸；分尺寸由门窗等构件的定位尺寸和定量尺寸组成，所谓定量尺寸是指门窗等构件本身的宽度，而定位尺寸是指构件的边缘与最邻近的轴线之间的尺寸（图 3-37a）。

在剖面图中，高度方向的尺寸也可标注三道。第一道总尺寸一般标注从建筑物顶端到室外地面的高度；第二道标注各楼层地面之间的高度，也就是通常所说的层高；第三道分尺寸中，定量尺寸标注门窗等构件的高度，定位尺寸标注构件的边缘与上（或下）楼层的地面之间的尺寸（图 3-37b）。

（3）尺寸数字

图上尺寸除了标高和总平面图以米为单位外，其余均以毫米为单位。尺寸数字的读数方向如图 3-38a 所示。尺寸数字注写在靠近尺寸线的上方中部，若没有足够的位置，可以错开或引出注写（图 3-38b）。

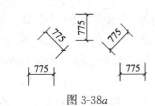

图 3-38a

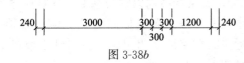

图 3-38b

（4）圆弧和角度的尺寸标注（图 3-39～图 3-41）。

图 3-39　圆弧半径标注方法　　图 3-40　直径标注方法

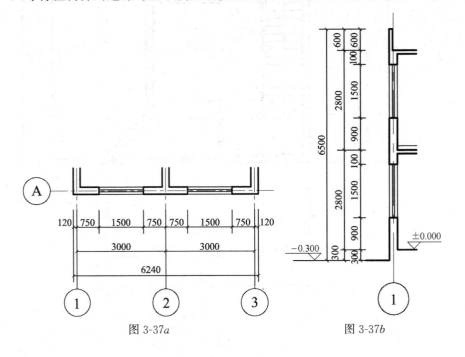

图 3-37a　　　　　　图 3-37b

（5）坡度的尺寸标注（图 3-42）。

图 3-41　角度标注方法

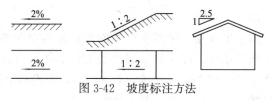

图 3-42　坡度标注方法

（6）标高

建筑标高分为绝对标高和相对标高。绝对标高即黄海标高。在总平面图中，场地的标高往往用绝对标高表示，其符号如图3-43所示。标注数字以米为单位，精确到小数点后两位。

在其余的建筑图（平、立、剖）中，为计算方便，往往标注相对标高。即设定某一高度为零标高，一般为一层室内地面，标注为±0.000，其余标高均以它为基准，计算标注。当标高为正数时，不必注"＋"号，而当标高为负数时，必须注出"－"号。相对标高标注的数字以米为单位，注写到小数点后第三位。相对标高的符号如图3-44所示。

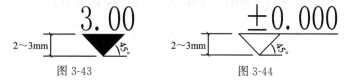

图 3-43　　　　　　　　　　　图 3-44

如图中位置不够标注，可标注成图3-45所示。

标高符号的尖端应指至被注的高度；尖端可向上也可向下，三角形可在左也可在右（图3-46）。

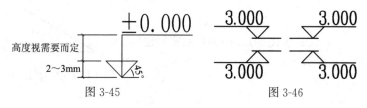

图 3-45　　　　　　　　　　图 3-46

100

• 尺寸标注举例（图3-47）。

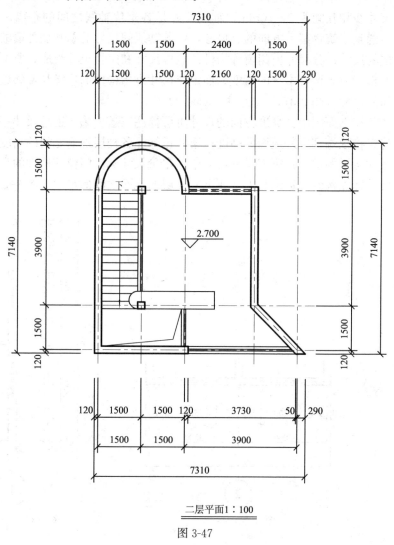

二层平面1:100

图 3-47

• 网格法标注曲线

建筑形体中的曲线定位，尤其是不规则曲线的定位，标注较为困难，一般可以用网格法来表达。

如图 3-48 所示，楼梯和平台的栏杆是一条空间曲线，它的平面定位，以一个 100mm×100mm 的平面网格覆盖，来确定曲线上各点的位置。

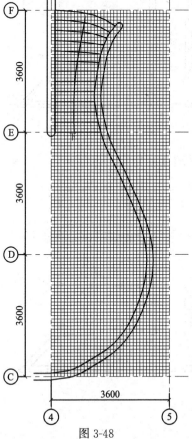

图 3-48

## 3.4 作图步骤

**1) 平面图**（以一层平面为例），图 3-49。

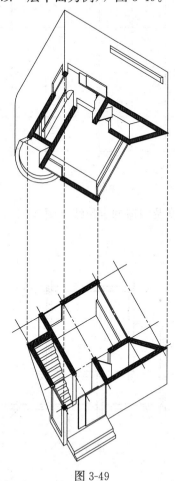

图 3-49

101

（1）画轴线（图 3-50）。

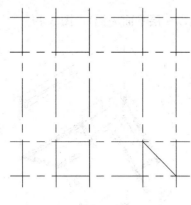

图 3-50

（2）画墙体厚度及门窗的定位线（图 3-51）。

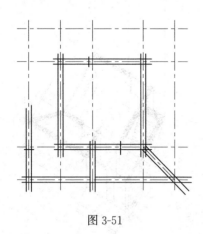

图 3-51

（3）加深墙柱的剖断线（图 3-52）。

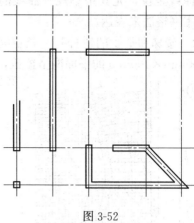

图 3-52

（4）画窗和门（图 3-53）。

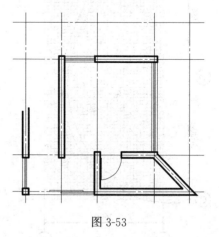

图 3-53

（5）画楼梯，先画折断线，再画踏步，最后画出上升方向并标注文字（图3-54）。

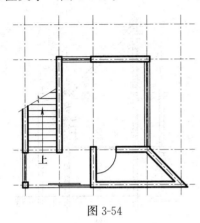

图 3-54

（6）画可见线，如踏步，室内外高差；上面一层的悬挑部分为不可见线，用细虚线表示（图3-55）。

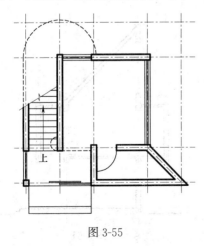

图 3-55

（7）标注各定位尺寸、标高、剖断号、指北针和图名（图3-56）。

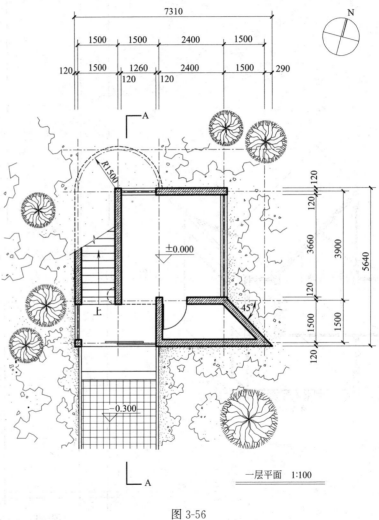

图 3-56

103

**2）剖面图，以图 3-57 为例。**

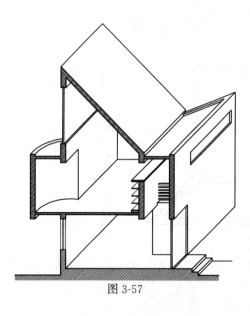

图 3-57

（1）画轴线（图 3-58）。

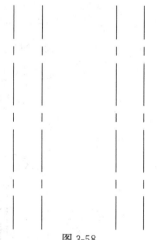

图 3-58

（2）画楼地面及屋面高度定位线（图 3-59）。

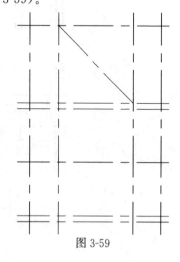

图 3-59

（3）画墙体、楼面、屋面厚度，及门窗定位线（图 3-60）。

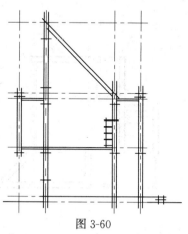

图 3-60

（4）加深墙体、楼面、屋面的剖断线（图 3-61）。

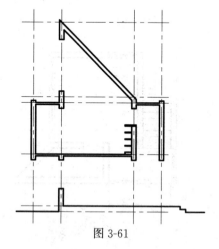

图 3-61

（5）画窗和门（图 3-62）。

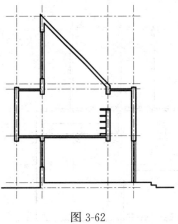

图 3-62

（6）画可见线，如墙体、门窗、栏杆、踢脚线等（图 3-63）。

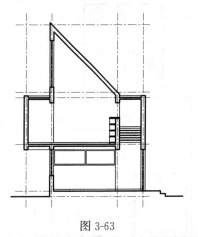

图 3-63

（7）标注竖向各定位尺寸、标高、图名（图 3-64）。

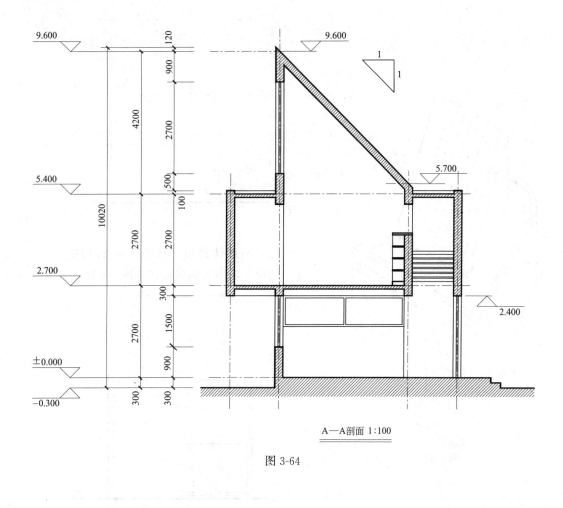

A—A剖面 1:100

图 3-64

**3) 立面图**（以南立面为例），图
3-65。

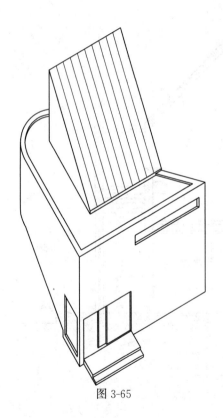

图 3-65

（1）画轴线、楼地面及屋面高度定位线
（图 3-66）。

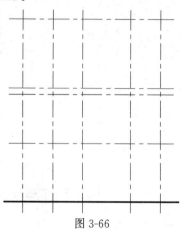

图 3-66

（2）画墙体厚度，楼面、屋面构造厚
度；门窗、踏步等的定位线（图 3-67）。

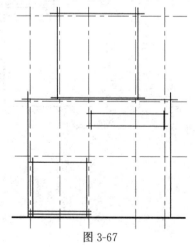

图 3-67

（3）按线条等级画出各部分的投影线
（图 3-68）。

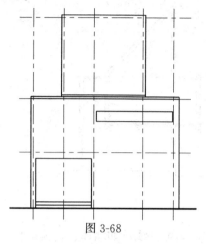

图 3-68

（4）加深加粗外轮廓线；标注图名（图 3-69）。

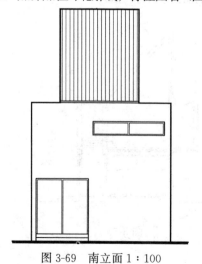

图 3-69　南立面 1∶100

**4）屋顶平面图，以图 3-70 为例。**

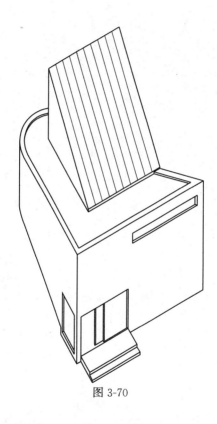

图 3-70

（1）画轴线（图 3-71）。

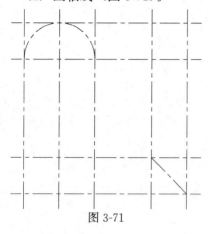

图 3-71

（2）画必要的墙体厚度（图 3-72）。

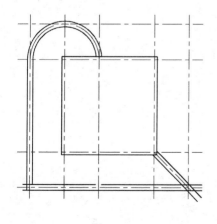

图 3-72

（3）画平屋面女儿墙及坡屋面（图 3-73）。

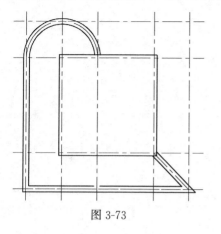

图 3-73

（4）画屋面材料划分线，标注图名（图 3-74）。

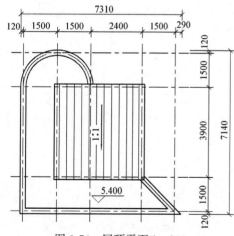

图 3-74　屋顶平面 1：100

107

# 第 4 章 轴 测 图

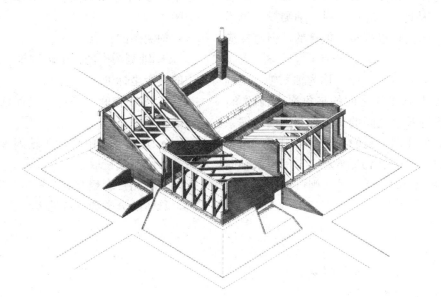

伦敦　某小学多功能会堂
建筑师：詹姆斯·斯特林

　　轴测图是轴测投影的简便画法，可以直观地表达建筑物的三维形象，同时可以在图上直接量取一定的尺寸。轴测图可以分为正轴测图和斜轴测图两大类，各有不同的特点，结合不同的表现类型，具有很强的表现力。

## 4.1 轴测投影与轴测图

轴测投影包括正轴测投影和斜轴测投影两类，它们均属于平行投影。根据平行投影的性质，物体上相互平行的直线，轴测投影后仍相互平行，且变形比例相同。因此，从理论上讲，轴测投影虽不能反映物体的真实形状和尺寸，却是可以度量、换算的，但直接应用十分麻烦。

我们将经轴测投影后的直角坐标轴 $x$、$y$、$z$ 称为轴测轴，三轴之间的夹角称为轴间角，轴测轴与水平线之间的夹角称为轴倾角，物体沿轴测轴方向的长度与其实际长度之间的比值称为轴向伸缩系数，也可称为变形系数。为了方便作图，我们取轴倾角为用三角板可直接或组合作图的角度，如 $15°$、$30°$、$45°$、$60°$、$75°$等，取轴向伸缩系数为方便换算的比例，如 1、0.8、0.5 等，则可以得到实际工程中运用的轴测图（图 4-1）。

所以，轴测图并不是轴测投影直接生成的投影图，而是用简化了的轴倾角和轴向伸缩系数画出的具有轴测投影特点的一类图。

轴测图的特点

• 轴测图中的三个轴测轴 $x$、$y$、$z$ 分别对应空间坐标体系中的三个坐标轴 $x$、$y$、$z$；

• 凡在空间中平行于坐标轴的直线，在轴测图中平行于相应的轴测轴；

• 凡在空间中平行于轴测轴的直线可以按比例（轴向伸缩系数）绘制或量取。

与轴测投影相对应，轴测图也分为正轴测图和斜轴测图两大类，具体的分类和特点见表 4-1。

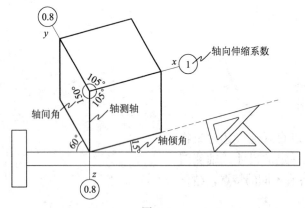

图 4-1

| | | 轴测图分类表 | 表 4-1 |
|---|---|---|---|

| 类型 | 名 称 | 图 例 | 特 点 |
|---|---|---|---|
| 正轴测图 | 正等轴测图 | 图 4-2 | 三个面变形程度一致 |
| | 正二轴测图 | 图 4-3 | 两个面变形程度一致，第三个不同 |
| | 正三轴测图 | 图 4-4 | 三个面变形程度均不一致，较生动 |
| 斜轴测图 | 立面斜轴测图 | 图 4-5 | 正立面反映物体实形 |
| | 水平斜轴测图 | 图 4-6 | 顶面反映物体实形 |
| | 两面轴测图 | 图 4-7 | 仅表现物体的两个面，缺乏立体感 |

**1）正等轴测图**

正等轴测投影（图 4-8）是正轴测投影中的特殊情况，当立方体的三个坐标轴与投影面的倾角相等，即立方体的一条对角线垂直于投影面时，所得投影就是正等轴测投影。我们可以利用投影变换来求得正等轴测投影，如图 4-9 所示：首先画出立方体的 H、F 投影，并画出其中一条对角线 $DF$；第一次变换，设立新投影面 H′，替代原投影面 H，令 H′∥DF，得到立方体在 H′投影面上的投影；第二次变换，设立新投影面 F′，替代原投影面 F，令 F′∥DF，得到立方体在 F′投影面上的投影，此投影就是立方体的正等轴测投影。此时，DF 积聚为一点，三个轴测轴间角相等，均为 120°，沿三个轴测轴方向的变形也相同，通过计算可知轴向伸缩系数均约为 0.82。

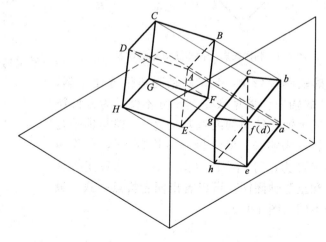

图 4-8　正等轴测投影投影过程

111

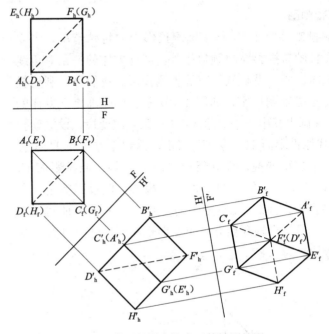

图 4-9  利用投影变换求正等轴测投影

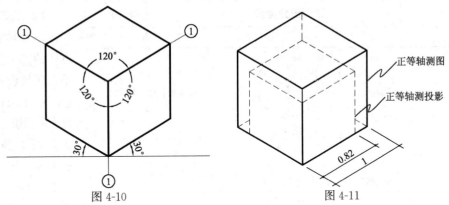

图 4-10

图 4-11

正等轴测投影中，120°的轴间角很方便绘制，但 0.82 的轴向伸缩系数绘制十分不便。为方便作图，取三个轴的轴向伸缩系数均为 1，即与轴平行的直线长度为实长，两个轴倾角均为 30°，所作出的轴测图称为正等轴测图（图 4-10）。比较正等轴测投影和正等轴测图，可以看出两者特点一致，只是大小不同（图 4-11）。

由于绘制十分方便，正等轴测图是建筑师最常用的基本轴测图之一。特点如下：

（1）两个轴倾角均为 30°，可以直接用丁字尺和三角板作图；

（2）与轴测轴平行的直线的长度为实长，均可直接量取；

（3）三个面的变形程度一致，表达上没有侧重；

（4）不能直接利用平面或立面作图；

（5）平面上的 45°线在轴测图中与垂直线重合，对于有较多 45°线的建筑形体来说易丧失立体感。如图 4-12 所示，应尽量避免。

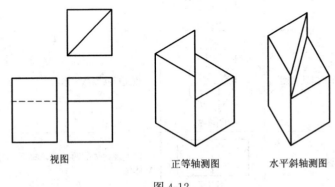

视图  正等轴测图  水平斜轴测图

图 4-12

### 2）正二轴测图

正二轴测投影（图 4-13）也是正轴测投影中的一类，当两条坐标轴与投影面的倾角相等，而第三条轴的不同时，所得投影就是正二轴测投影。我们可以利用投影变换来求得正二轴测投影，如图 4-14 所示：首先画出立方体的 H、F 投影，并画出其中一条对角线 DF；第一次变换，设立新投影面 H′，替代原投影面 H，令 H′//DF，得到立方体在 H′ 投影面上的投影；第二次变换，设立新投影面 F′，替代原投影面 F，令 F′ 与 DF 倾斜但不垂直，得到立方体在 F′ 投影面上的投影，此投影就是立方体的正二轴测投影。此时，两个轴测轴间角相等，两条轴测轴的轴向伸缩系数也相等，因而两个面的变形一致，而第三个面不同。变形相同的两个面可以是两个立面，这时轴测投影是对称的，如图 4-15a；也可以是一个立面和一个平面，这时轴测投影是不对称的，看起来对立面的表达有所侧重，如图 4-15b。

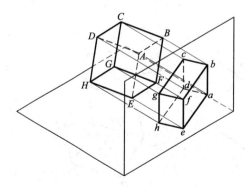

图 4-13　正二轴测投影投影过程

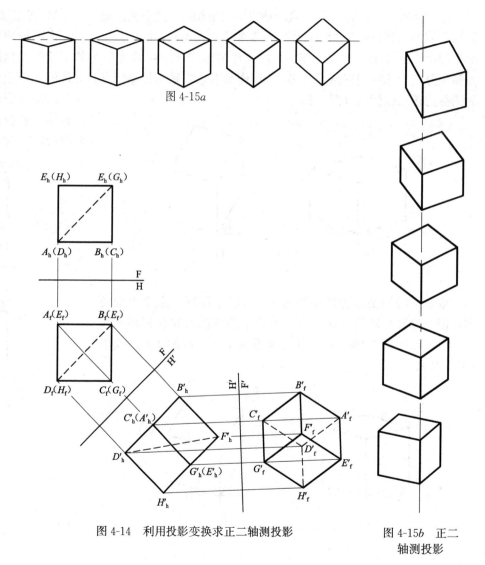

图 4-15a

图 4-14　利用投影变换求正二轴测投影

图 4-15b　正二轴测投影

正二轴测投影的特点是：两个轴测轴间角相等，两条轴测轴的轴向伸缩系数也相等。但具体的角度和系数是不确定的，若按此作图将十分麻烦。为方便作图，取简化的轴向伸缩系数为1，轴倾角分别为15°、15°和15°、60°，所作具有正二轴测投影特点的图称为正二轴测图（图4-16）。

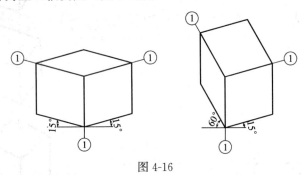

图 4-16

取三个轴的轴向伸缩系数为1，可以给作图带来很大的便利，但与轴测投影的差距较大，若要轴测图的形象接近轴测投影，也可以取两个轴的轴向伸缩系数为0.8，修正过大的变形（图4-17）。

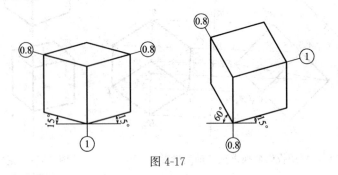

图 4-17

### 3）正三轴测图

正三轴测投影指的是正轴测投影中三条坐标轴与投影面的倾角均不相等的情况，此时投影的轴间角与轴向伸缩系数都不相等，立方体的三个面变形程度也不同。我们同样可以利用投影变换来求得正三轴测投影，如图4-18所示。同样通过两次投影变换，但这两次变换中，新投影面的位置并不与对角线有平行或垂直的要求，只要新投影面与对角线倾斜，所作出的新投影都是正三轴测投影。

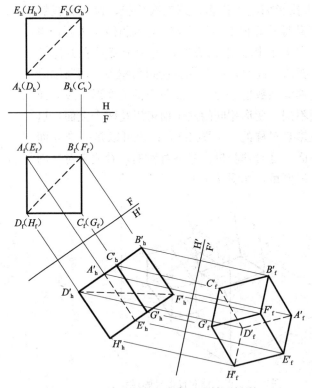

图 4-18　利用投影变换求正三轴测投影

虽然正三轴测投影有无穷多角度与变形的可能。但为方便作图，取可以用三角板作图的轴倾角也就只有三种可能：15°、30°；15°、45°和30°、45°，同时取简化的轴向伸缩系数为1，所作出的轴测图称为正三轴测图（图4-19）。

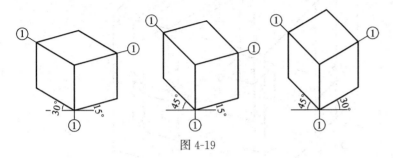

图 4-19

正三轴测图同样可以取轴向伸缩系数为0.8，来修正过大的变形，如图4-20。

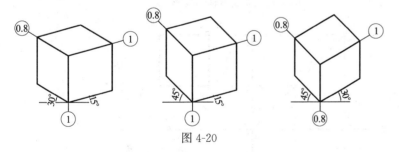

图 4-20

图4-21是对同一个建筑所画的一系列正轴测图，采用了不同的轴倾角，但轴向伸缩系数均为1。可以看出，无论是正等测、正二测，还是正三测，所有正轴测图都具有相似的特点，即物体的三个面都发生了变形，比较接近透视效果；而不同的轴倾角可以给人以从不同方向进行观察的感觉。

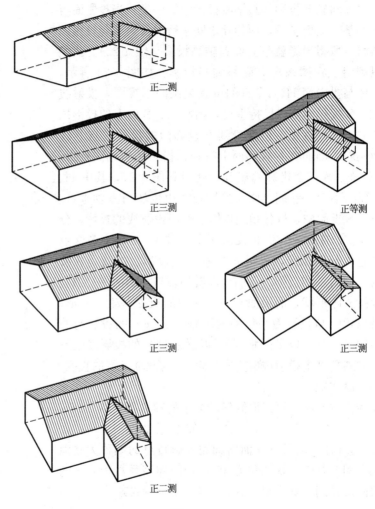

图 4-21

### 4）立面斜轴测

立面斜轴测投影是斜轴测投影中的一类。当投影面与物体的某一立面平行，而相互之间平行的投射线与投影面倾斜时，所得投影就是立面斜轴测投影（图 4-22）。我们可以利用三视图来求立面斜轴测投影。如图 4-23 所示，立方体与投影面 H、F、S 的位置关系同三视图，投射线与 H、S 投影面依然保持垂直，因此 H、S 面上的投影依然是立方体的视图。但投身到 F 投影面的投射线与 F 投影面倾斜，因而在 F 投影面上得到的投影是斜轴测投影。将 H、F、S 三个投影面展开，就得到图 4-23，其中 H、S 两视图不变，它们之间的投影连线也依然与 $y$ 轴垂直。在 H、S 投影中，过各相应投影点作斜投射线的投影，分别与 $x$、$z$ 轴相交；在 F 投影面中，过 $x$、$z$ 轴上各交点引垂直线分别相交，可得立方体的 F 投影，也就是立方体的立面斜轴测投影。我们可以看到，与投影面平行的立面保持实际形状，而顶面与另一立面的投影发生了变形；也可以说，与投影面平行的轴测轴（$x$、$z$）的投影与原坐标轴平行，与投影面垂直的轴测轴（$y$）的投影发生倾斜（倾斜角度由投射线的方向决定），与此轴平行的直线，投影长度缩短。

为方便作图，可以取倾斜轴测轴的轴倾角为 0°、15°、30°、45°、60°、75°或 90°，轴向伸缩系数为 1、0.8 或 0.5。这样作出的具有立面斜轴测投影特点的图称为立面斜轴测图。其中，轴倾角为 45°，轴向伸缩系数为 0.5 的轴测图最常用，称为斜二测（图 4-24、图 4-25）。

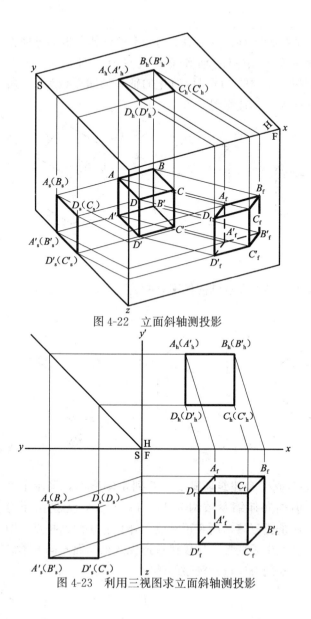

图 4-22　立面斜轴测投影

图 4-23　利用三视图求立面斜轴测投影

116

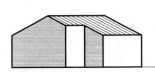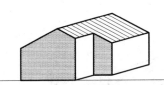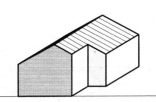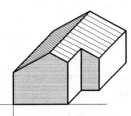

立面斜轴测图的特点如下：

（1）正立面保持原形，可以直接利用立面作图；

（2）$y$ 轴倾斜，轴向伸缩系数通常取 0.5 较符合视觉效果；

（3）适用于需要强调正立面的表达。

图 4-26 是同一建筑的一系列立面斜轴测图，$y$ 轴采用了不同的轴倾角，$y$ 轴的轴向伸缩系数均为 0.5。当 $y$ 轴的倾角为 0°、90°时，就成为两面轴测图。由于立面轴测可以利用立面直接作图，而且只有一个方向的直线发生倾斜和缩短，作图十分方便，非常适合表达以某一立面为主的建筑物。为接近视觉形象，通常会对倾斜的轴测轴进行修正（图 4-27）。

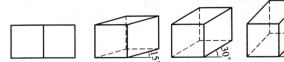

图 4-24　倾斜轴测轴的角度

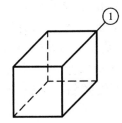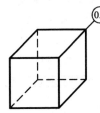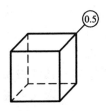

图 4-25　倾斜轴测轴的轴向伸缩系数

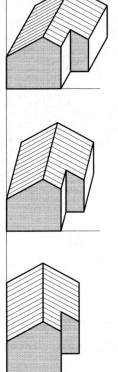

图 4-26

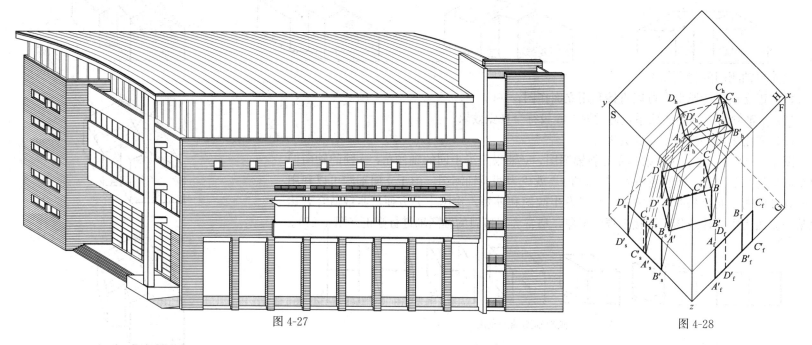

图 4-27

图 4-28

### 5) 水平斜轴测

水平斜轴测投影也是斜轴测投影中的一类。当投影面与物体的顶面平行，而相互之间平行的投射线与投影面倾斜时，所得投影就是水平斜轴测投影（图 4-28）。我们同样可以利用视图来求水平斜轴测投影。如图 4-32 所示，立方体在 F、S 投影面上依然是正投影，为准确绘制，画出了仰视图 H′；在 F、S

投影中，过各相应投影点作斜投射线的投影，分别与 $x$、$y$ 轴相交；在 H 投影中，过 $x$、$y′$ 轴上各交点引垂直线分别相交，可得立方体的 H 投影，也就是立方体的水平斜轴测投影。我们可以看到，立方体的顶面保持实形，两个立面发生变形，$z$ 轴的投影可能保持垂直，也可能倾斜，平行于 $z$ 轴的直线，投影长度缩短。

为方便作图，可以取 $x$ 轴的轴倾角为 0°、15°、30°、45°、60°、75°或90°；$z$ 轴与水平方向的夹角可以取垂直，也可以取 0°、15°、30°、45°、60°、75°或90°；$z$ 轴的轴向伸缩系数可以取 1，也可以取 0.8 或 0.5 进行修正。这样作出的具有水平斜轴测投影特点的图称为水平斜轴测图（图 4-29～图 4-32）。其中，$x$ 轴的轴倾角为 30°，三轴轴向伸缩系数均为 1 的轴测图最常用，称为水平斜等测。

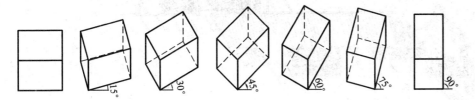

图 4-29　平面与水平线的夹角

图 4-30　垂直轴测轴的轴向伸缩系数

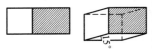

图 4-31　垂直轴测轴的倾斜角度

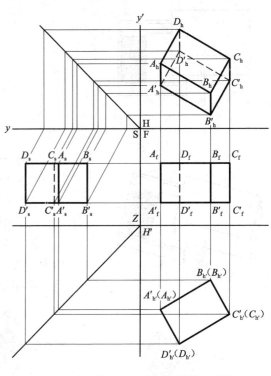

图 4-32　利用视图求水平斜轴测投影

119

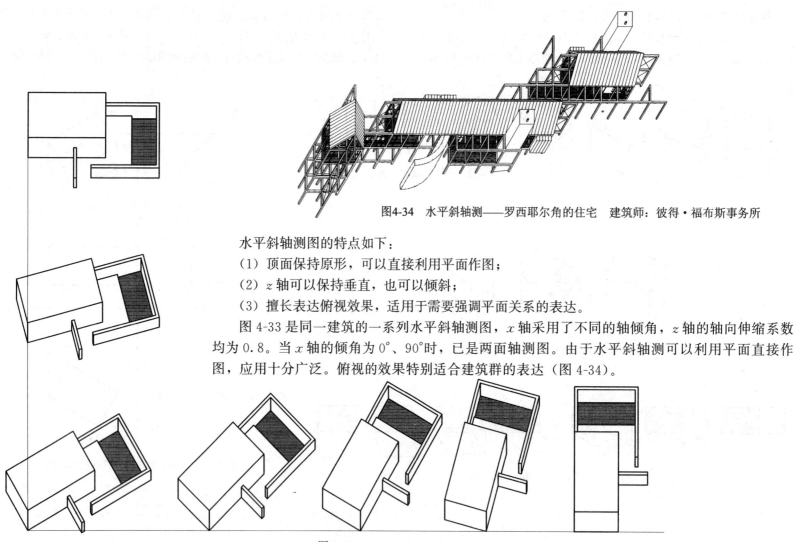

图4-34　水平斜轴测——罗西耶尔角的住宅　建筑师：彼得·福布斯事务所

水平斜轴测图的特点如下：

（1）顶面保持原形，可以直接利用平面作图；

（2）$z$ 轴可以保持垂直，也可以倾斜；

（3）擅长表达俯视效果，适用于需要强调平面关系的表达。

图 4-33 是同一建筑的一系列水平斜轴测图，$x$ 轴采用了不同的轴倾角，$z$ 轴的轴向伸缩系数均为 0.8。当 $x$ 轴的倾角为 0°、90°时，已是两面轴测图。由于水平斜轴测可以利用平面直接作图，应用十分广泛。俯视的效果特别适合建筑群的表达（图 4-34）。

图 4-33

### 6) 两面轴测

两面轴测投影包括两面正轴测投影（图 4-35）和两面斜轴测投影（图 4-36），指的是立方体投影后仅有两个面的轴测投影。这两个面可以是两个立面，也可以是一个立面和一个平面。由于缺少第三个面，立体感较差。两面正轴测投影中，两个面都有变形；两面斜轴测投影中，一个面保持原形，另一个有变形。

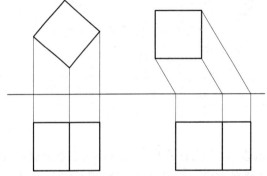

图4-35　两面正轴测投影　图4-36　两面斜轴测投影

为方便作图，通常取三个轴的轴向伸缩系数均为 1，所作具有两面轴测投影特点的图称为两面轴测图（图 4-37）。虽然两面轴测图的立体感较差，但也能表达一定的空间关系，而且绘制方便，也有不少实际应用（图 4-38、图 4-39）。

图 4-37

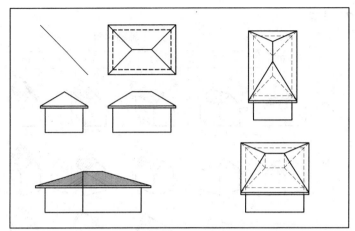

图 4-38

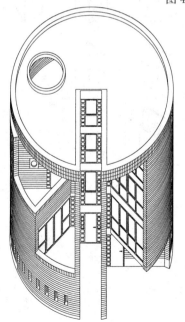

图4-39　两面轴测——瑞士罗桑那独家住宅
建筑师：马里奥·博塔

## 7）小结

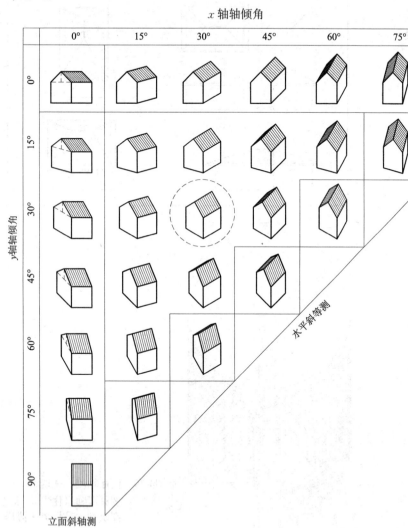

表 4-2

$x$ 轴轴倾角

立面斜轴测

$y$ 轴轴倾角

水平斜等测

立面斜轴测

122

综上所述，我们可以看出，轴测图对三维物体的表达实际上是十分灵活和自由的，它并不追求对视觉效果直接、准确的再现，而是注重对空间三维关系抽象的、逻辑的表达。因此，特别适合建筑师在思考空间问题时使用，同时也具备一定的表现力。

表 4-2 以 $x$、$y$ 两轴不同的轴倾角为依据，轴向变形系数均为 1，绘出了一个两坡屋面建筑形体的一系列轴测图。可以看出所有的轴测图类型都被包含在内了。最上一行和最左一列为立面斜轴测，对角线斜向一排是水平斜轴测，三个角上是两面轴测图，中间部分是正轴测图，中心的一个是正等测。这也清楚地表明了各类轴测图之间的相互联系。

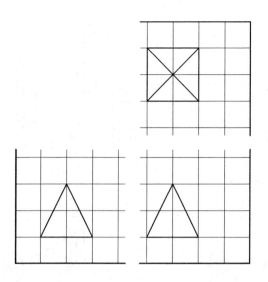

## 4.2　轴测图的画法

**1）作图原则**

我们知道，组成建筑形体的最基本元素是点，绘制轴测图实质上是要画出建筑形体上每一个点的位置，而空间中任何点的位置都可以由空间直角坐标系来确定。因此，只要能将空间直角坐标系所建立的三维空间网格转化为由轴测轴所建立的在二维图纸上的空间网格（图4-40），就能按照点→线→面→体的顺序，画出任何建筑形体的轴测图。这是画轴测图的总原则。

按照这一原则，具体的步骤如图4-41所示：

（1）确定点的位置：首先确定物体上的一个点为原点，并确定 $x$、$y$、$z$ 三个轴的方向和轴向伸缩系数。这样，事实上就在图纸上建立起了一个空间网格，而物体上各个点的位置均可逐一确定。

（2）确定直线的方向：物体上的直线可以分为两类。一类是平行于坐标轴的直线，这类直线只要确定其上的一点，就可以直接画出与相应轴测轴的平行线，并且根据轴向伸缩系数直接在其上量取尺寸；另一类是不平行于坐标轴的直线，这类直线必须根据空间网格确定其两个端点，进行连接，才能画出。若是一组平行线，画出其中一条，其他也可以通过画平行线来得到直线的方向，但不能直接量取尺寸。

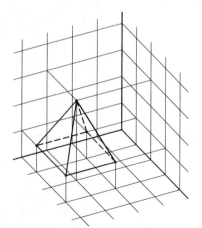

图 4-40　空间网格的三视图与由轴
测轴所建立的空间网格

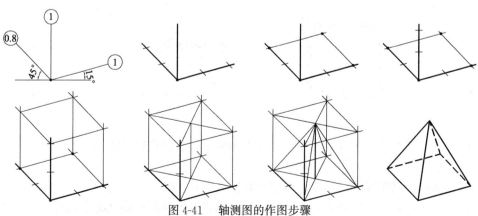

图 4-41　轴测图的作图步骤

123

## 2）作图方法

（1）从底平面开始：先根据轴倾角画底平面，再画各部分体块的高度（图4-42）。这种方法最常用，且更适合于水平斜轴测，这时只需将平面图转一个角度，就可以画高度了。类似地，立面斜轴测图也可以从立面开始，再画出它纵向的深度（图4-43）。

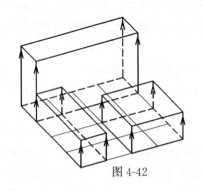

图 4-42

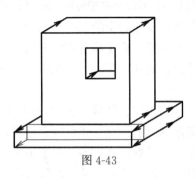

图 4-43

**【例题 4-1】** 绘制建筑形体（图4-44）的水平斜等测：

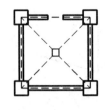

图 4-44

（1）确定轴测轴间角和变形系数，根据轴倾角，绘制建筑形体的底平面；

（2）分别画出柱子的高度，墙的高度；

（3）在柱顶画出屋面的厚度，确定斜脊的端点并连接；

（4）加深可见线，擦掉被遮挡的线，并用细线画出表面材质（图4-45）。

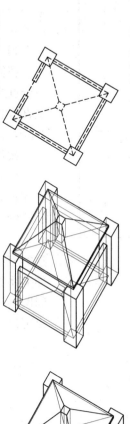

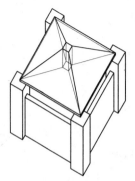

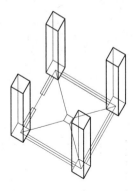

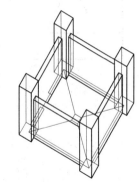

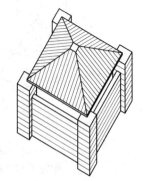

图 4-45

124

（2）体块削切的方法：先画出一个立方体，再对它进行削切，挖去不要的体块（图4-46）。这种方法适合于画简单的，用减法得到的形体。如建筑形体的局部、一些斜面、曲面、门窗洞口等（图4-47）。

（2）逐步切出两坡屋面、单坡屋面及墙体的形状；

（3）加深可见线，擦掉被遮挡的线，并用细线画出表面材质（图4-49）。

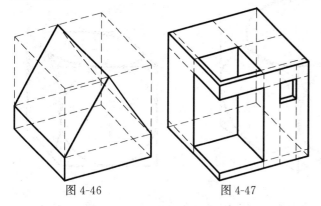

图4-46          图4-47

【例题4-2】绘制建筑形体（图4-48）的正等测。

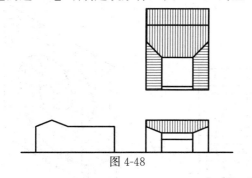

图4-48

（1）定轴测轴间角和轴向伸缩系数，并绘制一个能包容整个建筑形体的立方体；

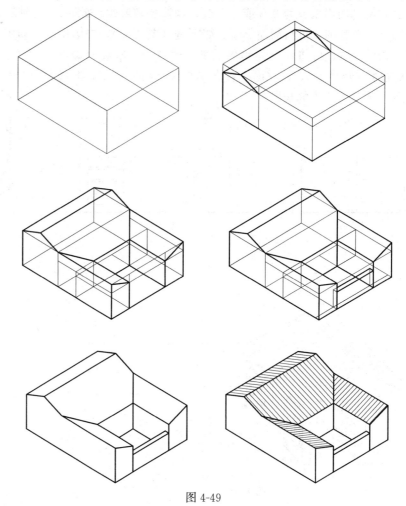

图4-49

125

（3）轴向伸缩系数的简便画法

在画轴测图时，变形系数为1的直线，可以直接在图上量取，作图十分方便，而当系数为0.8或0.5时，换算比较麻烦。此时，可以利用三角形相似，进行简便作图。如下例（图4-50），先画出东立面总长的1/2，再将该立面镜像后置于尽端0，连接两端点 $AA'$，则 $OA'/OA＝0.5$，过立面上各点作直线平行于 $AA'$，即可在轴测图上截取出所需的长度。

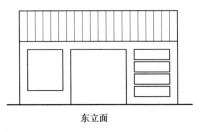

南立面　　　　　　　　　东立面

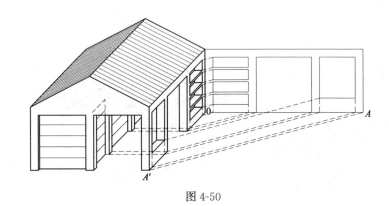

图 4-50

（4）曲线的轴测画法

圆在轴测中变形为椭圆。作图时，先画出圆的外切正方形的轴测，当其为菱形时，利用四心法作近似椭圆；当其不为菱形时，利用平行四边形法作近似椭圆（图4-51）。

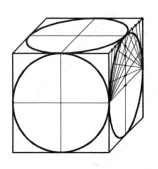

图 4-51

曲线的轴测变形，可利用网格法近似地作出（图4-52）。

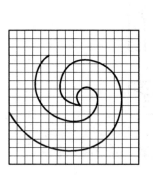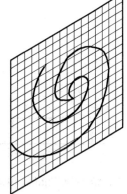

图 4-52

## 4.3  轴测图的应用类型

### 1) 俯视轴测与仰视轴测

通常所画的轴测图大多取俯视的角度，但也可以取仰视的角度，此时，将结构与地面接触的部分画成剖断面。如图 4-53 所示建筑，若采用俯视的角度，不能将梁架表达出来（图 4-54）；若采用仰视角度，则可以清晰地画出屋面下的梁架关系（图 4-55）。这种轴测也称为虫视轴测，较适合于表达建筑物的内部空间，尤其是顶面的变化较为丰富时。

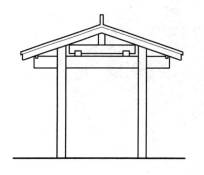
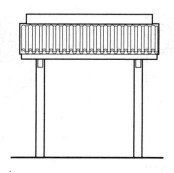

图 4-53

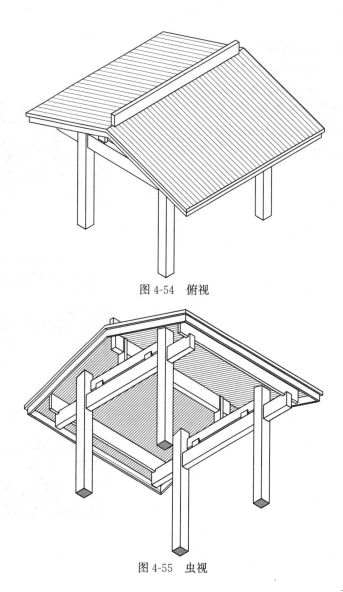

图 4-54  俯视

图 4-55  虫视

## 2) 分层轴测

分层轴测指同时画出多层建筑的各层剖切轴测，并表示出其垂直方向间的位置关系（图 4-56）。这种轴测很适合于表达建筑内部的空间和实体在垂直方向上的相互联系。

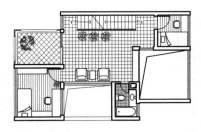

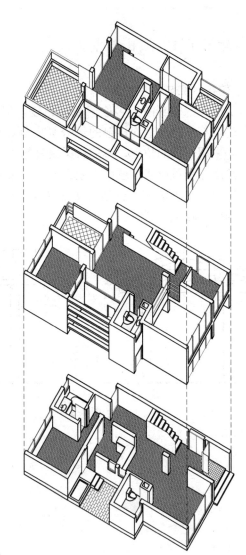

图 4-56

### 3）透明轴测

透明轴测是指将建筑物的某些外部构件当成透明的材料，画成虚线，从而使得建筑物的内部空间可以表达出来，而同时又以虚线的形式，表示出其外形轮廓（图4-57）。

### 4）分解轴测

分解轴测特别适合于表达装配式建筑各构件间的相互关系。如图4-58所示，表达出了钢筋混凝土框架主体支撑钢屋架，上覆复合屋面板，以及天窗和无框玻璃窗与主体之间的关系。

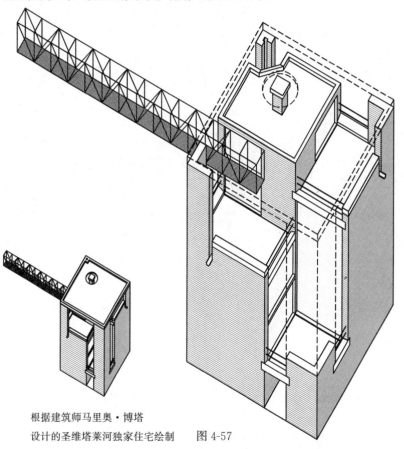

根据建筑师马里奥·博塔
设计的圣维塔莱河独家住宅绘制　　图 4-57

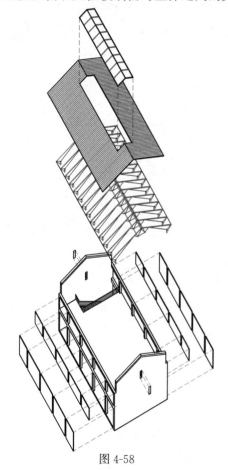

图 4-58

# 第 5 章 透 视 图

美国 托马斯·哈第住宅

建筑师：弗兰克·劳埃德·赖特

透视图由 Marion Mahony 绘制

　　透视图是中心投影图，可以直观地反映建筑物的三维形象和空间关系，画面效果十分接近人眼所观看到的形象。

## 5.1 透视基本概念

**1）术语及简写符号**

图 5-1 以轴测图的形式表达了透视投影的过程：人站在建筑物之前，通过一个透明的投影面观察建筑物，从人眼出发的视线就是投射线，在画面上形成的中心投影就是该建筑物的透视图。由于透视概念首先出现于绘画领域，一些术语沿用至今：

(1) 画面（P. P.）：设立在人眼与建筑物之间的投影面；

(2) 地面（G. P.）：建筑物所在的地平面，为一水平面；

(3) 地平线（G. L.）：画面与地面的交线，为一水平线；

(4) 视点（E）：人眼所在的位置，即投影中心；

(5) 视平面（H. P.）：视点所在的水平面；

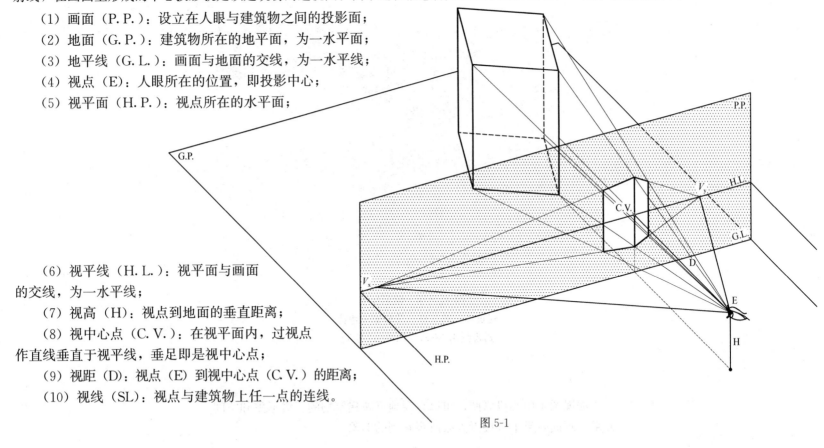

(6) 视平线（H. L.）：视平面与画面的交线，为一水平线；

(7) 视高（H）：视点到地面的垂直距离；

(8) 视中心点（C. V.）：在视平面内，过视点作直线垂直于视平线，垂足即是视中心点；

(9) 视距（D）：视点（E）到视中心点（C. V.）的距离；

(10) 视线（SL）：视点与建筑物上任一点的连线。

图 5-1

## 2）视线迹点法

　　建筑物上任一点的透视投影是过该点的视线与画面的交点。若将这一投影过程进行正投影至 H、S 投影面，由于画面 P.P. 与 H、S 投影面垂直，积聚为一直线，所以可得到视线与画面的每一交点的 H、S 投影；将 H、S 投影面展开，则可推导出各交点的 F 投影，将它们按一定顺序连接起来，即是建筑物的透视（图5-2、图5-3）。

　　这是最基本的求透视的方法，但十分繁琐，一般不应用于实际，但可以此方法推导出透视规律。

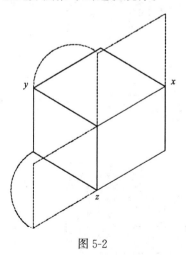

图 5-2

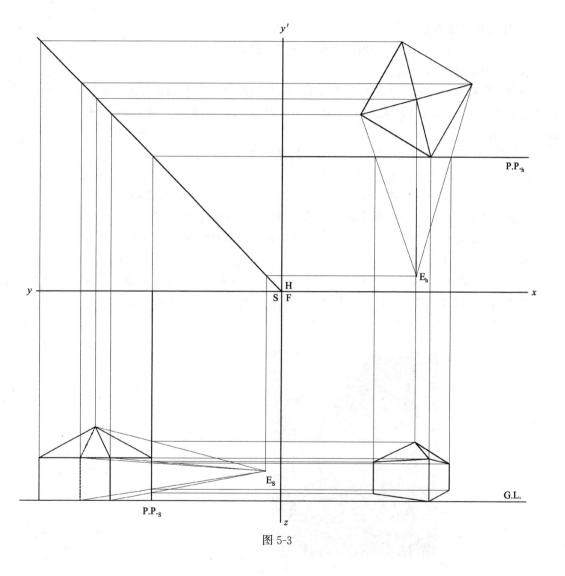

图 5-3

## 3）透视的基本规律

根据视线迹点法，可以推导出透视的两个基本规律：

（1）与画面平行的直线：

如图 5-5 所示，与画面平行的直线 $AA'$、$BB'$、$CC'$ 等长，且间距相等。$AA'$ 在画面 P.P. 上，$BB'$、$CC'$ 在画面之后，用视线迹点法可求出三直线的透视 $aa'$、$bb'$、$cc'$。

通过作图，可知：与画面平行的直线，透视与原直线平行。

同时，可以得出以下结论：

① $AA'$ 的透视 $aa'$ 与原直线长度相等，即在画面上的直线透视长度等于实长。因此，我们可以利用在画面上的直线作为基准线，量取真高和实长；一般利用地平线 G.L. 量取水平方向的实长；利用在画面上的垂直线量取垂直方向的真高，称为量高线（T.H.）。

② 透视长度 $cc' < bb' < aa'$，即相互平行且等长、等距的直线，距画面越远，直线的透视长度越短，直线之间的间距越小，也就是我们平时所说的近大远小，近疏远密。如图 5-4、图 5-6 都反映出这一规律。

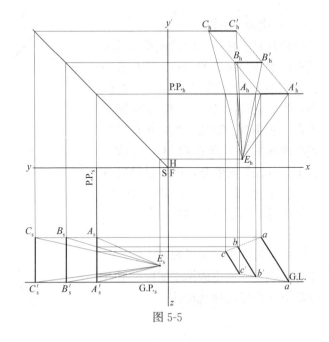

图 5-5

图 5-4　柱廊——近大远小，近疏远密

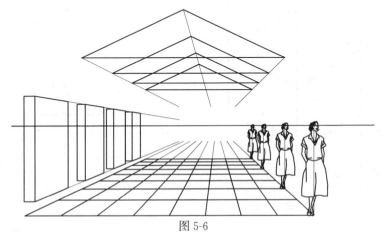

图 5-6

（2）与画面相交的直线

如图 5-8 所示，直线 $AB$、$A'B'$ 相互平行等长，且与画面相交。用视线迹点法求出其透视 $ab$、$a'b'$，可以发现两直线的透视不平行。若将 $AB$、$A'B'$ 分别延长相同的距离至 $C$、$C'$，再求透视，可以发现，两直线的透视分别延长至 $c$、$c'$，末端相互趋近。若不断延长 $AB$、$A'B'$ 直到无穷远处，则视点与两直线末端的连线，逐渐趋近，最终平行于 $AB$、$A'B'$；透视 $ab$、$a'b'$ 也逐渐趋近，最终相会于一点 $V$。在 $V$ 点，两条平行直线仿佛消失了，所以点 $V$ 称为消失点，也称为灭点。由此可知：**与画面相交的直线透视消失于一点，消失点是过视点且平行于该直线的视线与画面的交点。**同时可得推论：**与画面相交的一组平行直线，透视消失于同一消失点**（图 5-7、图 5-9）。

图 5-7　平行的铁轨向远方延伸，消失于一点

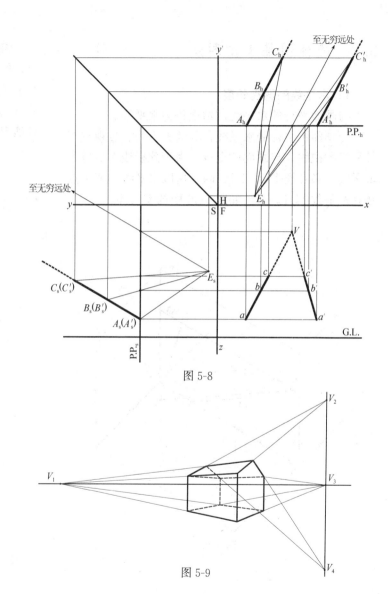

图 5-8

图 5-9

## 5.2 透视图基本作图法

### 1) 水平线的透视长度

与画面平行的水平线，透视仍为水平线。

与画面不平行的水平线，其消失点为：过视点与其平行的视线，与画面的交点。由于此视线本身也是水平线，必在视平面 H.P. 内，所以水平线的消失点必在视平线 H.L. 上。如图 5-10 中的 $V_x$、$V_y$。

将这一透视投影过程，正投影到 H 投影面上，再将画面正投影到 F 投影面上。然后将 H、F 投影面展开，如图 5-11 所示。在 H 投影上，画出平行于 $x$ 和 $y$ 方向的视线，并求得其与画面的交点，即水平线消失点的 H 投影 $V_{xh}$、$V_{yh}$；引垂直投影连线到 F 投影，与视平线 H.L. 相交，得消失点 $V_x$、$V_y$。一旦确定了消失点，只要知道水平线上的一个点，就可以画出水平线的透视方向。

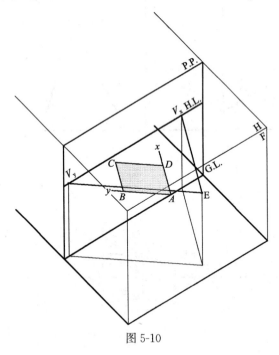

图 5-10

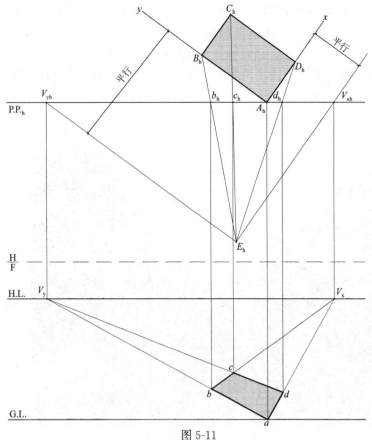

图 5-11

136

求透视长度：为方便作图，将 *ABCD* 中一个点 *A* 置于画面上。在 H 投影上，自 $A_h$ 点引垂直投影连线到画面，与 G.L. 交于 *a*；连接 $aV_x$、$aV_y$，画出 *AD*、*AB* 的透视消失方向。在 H 投影上，连接 $E_hD_h$、$E_hB_h$，与 P.$P_h$ 交于 $d_h$、$b_h$，自视线与画面的交点 $d_h$、$b_h$ 引垂直投影连线到画面，与 $aV_x$、$aV_y$ 分别交于点 *d*、点 *b*。*ad*、*ab* 就是水平线 *AD*、*AB* 的透视长度。同理可得 *bc* 和 *dc*。

**2）垂直线的透视高度——量高**

垂直线与画面平行，它的透视也是垂直线，它的透视高度随它与画面的距离而改变，近高远低。求垂直线的透视高度称为求量高。为方便作图，让物体上的某一垂直线位于画面 P.P. 上，根据"在画面上的直线透视长度等于实长"的透视规律，该垂直线的量高即为真高。以该垂直线作为量高线（T.H.），其余垂直线的量高可通过在此量高线上量取真高，再作水平线的透视来求出。以下将由简及繁的说明量高的求法：

（1）垂直线 $AA_1$ 在画面上，求垂直线 $BB_1$ 的量高（图 5-12）。

此例中，$BB_1$ 与 $AA_1$ 等高，且与 $AA_1$ 在同一垂直面上。

为量取真高方便，将立面置于画面的地平线上。

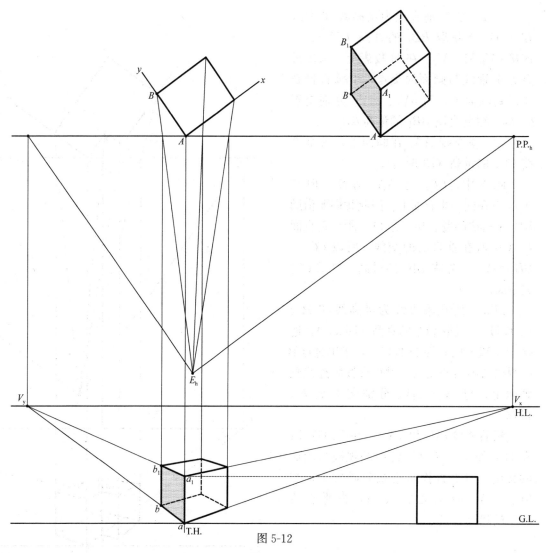

图 5-12

137

以 $aa_1$ 所在垂直线为量高线 T.H.，在 T.H. 上量取 $BB_1$ 的真高（即 $aa_1$）。连接 $aV_y$ 和 $a_1V_y$。在 H 投影上，求出过点 $B$ 的视线与画面的交点，引垂直投影连线到画面上，与 $aV_y$、$a_1V_y$ 分别交于 $b$、$b_1$，得垂直线 $BB_1$ 的量高 $bb_1$。

（2）垂直线 $AA_1$ 在画面上，求垂直线 $CC_1$ 的量高（图 5-13）。

此例中，$CC_1$ 与 $AA_1$ 等高，但与 $AA_1$ 不在同一垂直面上。因此我们要借助 $BB_1$ 来解决问题。$BB_1$ 是 $CC_1$ 所在垂直面与 $AA_1$ 所在垂直面的交线，所以 $CC_1 = BB_1 = AA_1$。先求 $BB_1$ 的量高，再求 $CC_1$ 的量高。

以 $aa_1$ 所在垂直线为量高线 T.H.，在 T.H. 上量取 $CC_1$ 的真高（即 $aa_1$）；连接 $aV_y$ 和 $a_1V_y$；在 H 投影上，求出过点 B 的视线与画面的交点，引垂直投影连线到画面上，与 $aV_y$、$a_1V_y$ 分别交于 $b$、$b_1$，得 $bb_1$。

然后连接 $bV_x$ 和 $b_1V_x$，并反向延长；在 H 投影上，求出过点 $C$ 的视线与画面的交点，引垂直投影连线到画面上，与 $bV_x$、$b_1V_x$ 分别交于 $c$、$c_1$，得垂直线 $CC_1$ 的量高 $cc_1$。

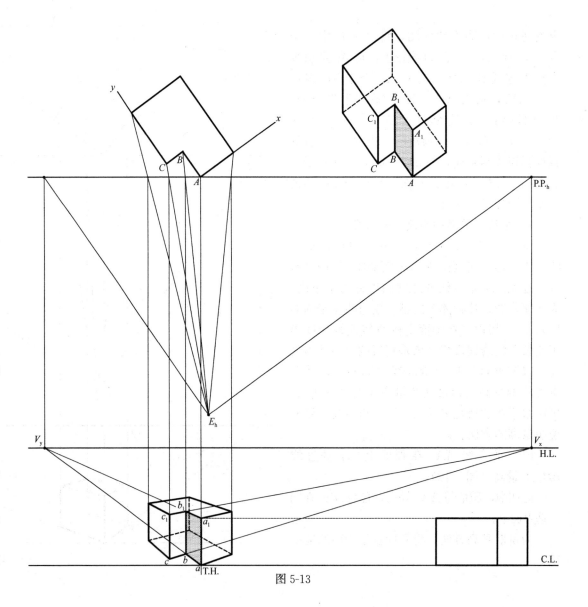

图 5-13

（3）垂直线 $AA_1$ 在画面上，求垂直线 $CC_2$ 的量高（图 5-14）。

此例中，$CC_2$ 与 $AA_1$ 不在同一垂直面上，且不等高。我们同样要借助 $BB_1$ 来解决问题。$BB_1$ 是 $CC_2$ 所在垂直面与 $AA_1$ 所在垂直面的交线，延伸 $BB_1$ 与物体顶面交于 $B_2$，过 $B_2$ 作平行于 $AB$ 的水平线与 $AA_1$ 延长线交于 $A_2$。那么 $CC_2 = BB_2 = AA_2$。先量取 $AA_2$，再求 $BB_2$ 的量高，最后求 $CC_2$ 的量高。

以 $aa_1$ 所在垂直线为量高线 T.H.，在 T.H. 上量取 $AA_1$ 的真高（即 $aa_1$）和 $CC_2$ 的真高（即 $aa_2$）；连接 $aV_y$、$a_1V_y$ 和 $a_2V_y$；在 $H$ 投影上，求出过点 $B$ 的视线与画面的交点，引垂直投影连线到画面上，与 $aV_y$、$a_1V_y$ 和 $a_2V_y$ 交于 $b$、$b_1$、$b_2$；得垂直线 $BB_2$ 的量高 $bb_2$。连接 $bV_x$ 和 $b_2V_x$，并反向延长，在 $H$ 投影上，求出过点 $C$ 的视线与画面的交点，引垂直投影连线到画面上，与 $bV_x$、$b_2V_x$ 交于 $c$、$c_2$；得垂直线 $CC_2$ 的量高 $cc_2$。

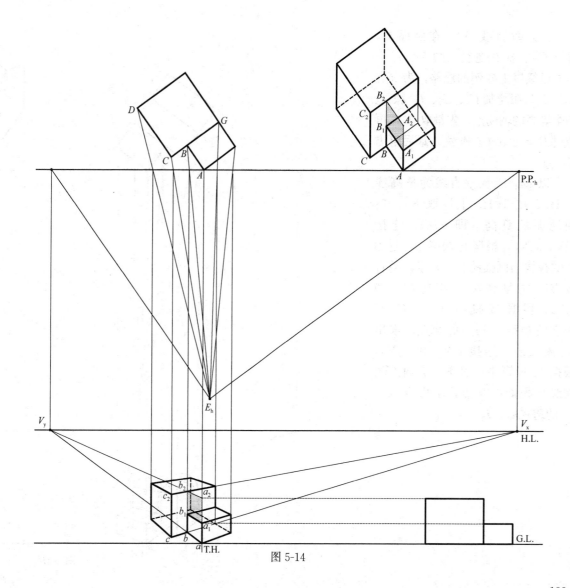

图 5-14

（4）垂直线 $AA_1$ 在画面上，求点 $K_3$、$J_3$ 的透视（图 5-15）。

延续以上各例的思路，为求点 $K_3$、$J_3$，可增加 $C_3$、$G_3$、$B_3$ 和 $A_3$ 四个等高的辅助点，先量取 $A_3$，再通过 $B_3$，求出 $C_3$ 和 $G_3$，最后求出 $K_3$、$J_3$。

以 $aa_1$ 所在垂直线为量高线 T.H.，在 T.H. 上量取 $K_3$、$J_3$ 距地面的真高（即 $aa_3$）；连接 $aV_y$、$a_3V_y$，根据 H 投影中，过 $B$ 点的视线与画面的交点，求出垂直线 $BB_3$ 的量高 $bb_3$；连接 $bV_x$ 和 $b_3V_x$，根据 $H$ 投影中，过 $C$、$G$ 两点的视线与画面的交点，求出 $cc_3$ 和 $gg_3$；连接 $c_3V_y$ 和 $g_3V_y$，根据 H 投影中，过 $K$、$J$ 两点的视线与画面的交点，求出点 $K_3$、$J_3$ 的透视 $k_3$、$j_3$。

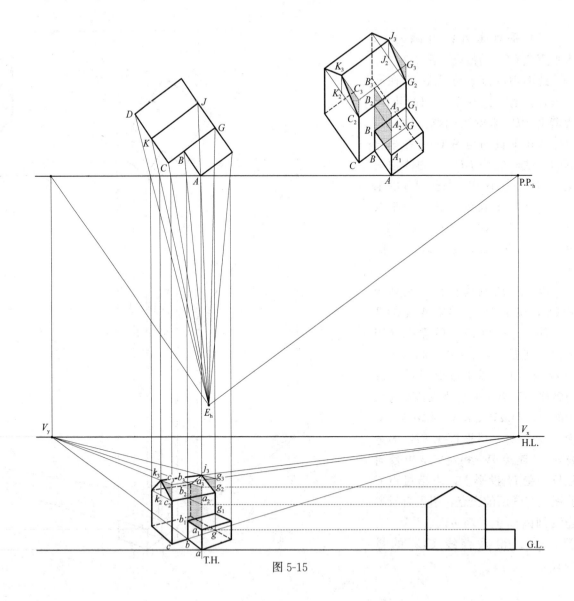

图 5-15

（5）垂直线 $AA_1$ 在画面上，求点 $J_3$ 的透视（图 5-16）。

与上例思路相似，为求点 $J_3$，可增加 $K_3$、$C_3$、$B_3$ 和 $A_3$ 四个等高的辅助点，先量取 $A_3$，再逐一求出 $B_3$、$C_3$ 和 $K_3$，最后求出 $J_3$。

在 H 投影上自 $J$ 点作 $CD$ 的垂直线交 $CD$ 于 $K$。

以 $aa_1$ 所在垂直线为量高线 T.H.，在 T.H. 上量取点 $J_3$ 到地面的真高（即 $aa_3$）；连接 $aV_y$、$a_3V_y$，根据 H 投影中，过 $B$ 点的视线与画面的交点，求出垂直线 $BB_3$ 的量高 $bb_3$；连接 $bV_x$、$b_3V_x$，根据 H 投影中，过 $C$ 点的视线与画面的交点，求出垂直线 $CC_3$ 的量高 $cc_3$；连接 $cV_y$、$c_3V_y$，根据 H 投影中，过 $K$ 点的视线与画面的交点，求出垂直线 $KK_3$ 的量高 $kk_3$；连接 $k_3V_x$，根据水平投影中，过 $J$ 点的视线与画面的交点，求出点 $J_3$ 的透视 $j_3$。

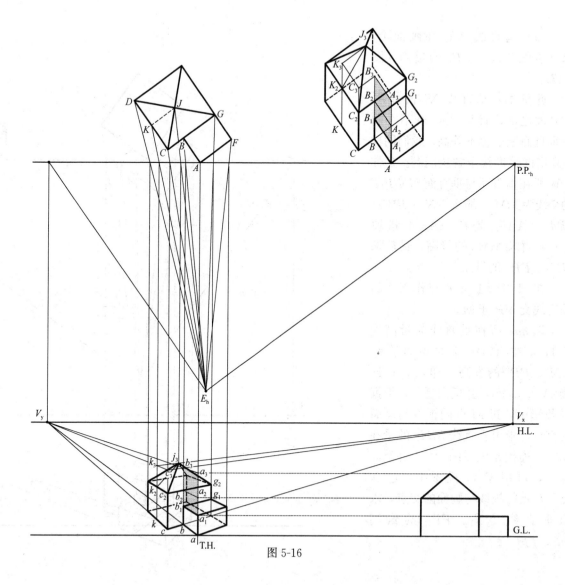

图 5-16

141

（6）垂直线 $AA_2$ 在画面上，求垂直线 $NN_1$、$PP_1$ 的量高（图 5-17）。

此例中，垂直线 $NN_1$、$PP_1$ 在画面之前，且与 $AA_2$ 既不在同一垂直面上，也不等高。我们同样需要借助辅助线来解决问题。延伸 $AA_2$ 所在垂直面与垂直面 $NN_1P_1P$ 的交线为 $MM_1$。那么 $NN_1=PP_1=MM_1=AA_1$。先在 $AA_2$ 上量取 $AA_1$，再求 $MM_1$ 的量高，最后求 $NN_1$、$PP_1$ 的量高。

在 H 投影上自 $A$ 点作 $NP$ 的垂直线交 $NP$ 于 $M$。

以 $aa_2$ 所在垂直线为量高线 T.H.，在 T.H. 上量取垂直线 $NN_1$、$PP_1$ 的真高（即 $aa_1$）；连接 $aV_y$、$a_1V_y$，并反向延长，根据 H 投影中，过 $M$ 点的视线与画面的交点，求出垂直线 $MM_1$ 的量高 $mm_1$；连接 $mV_x$ 和 $m_1V_x$，并反向延长，再根据 H 投影中，过 $N$ 点、$P$ 点的视线与画面的交点，求出垂直线 $NN_1$、$PP_1$ 的量高 $nn_1$、$pp_1$。

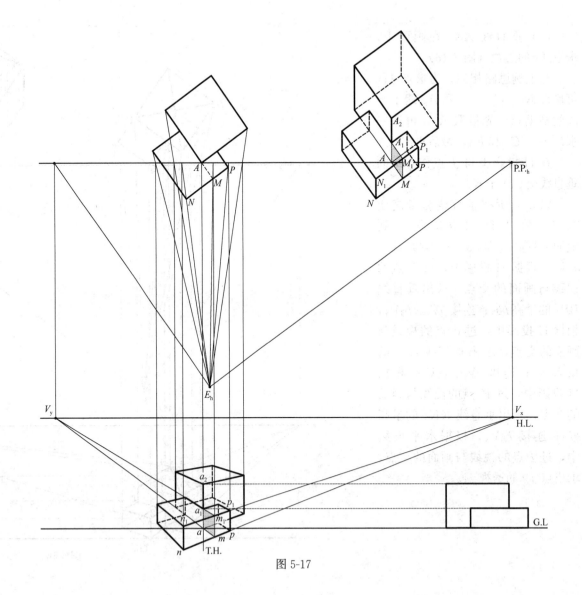

图 5-17

### 3）平面投影法求透视

【例题 5-1】已知建筑物的平面和立面，求作其透视。

作图步骤（图 5-18）：

（1）在 H 投影上确定画面 P.P.$_h$ 与建筑物的位置关系，将建筑物的墙角一垂直边 $A$ 置于画面上。确定视点的 H 投影 $E_h$。

（2）在画面上，确定地平线 G.L. 和视平线 H.L.，即确定视高。

（3）在 H 投影上过 $E_h$ 作视线分别平行于 $x$、$y$ 方向的水平线，与画面相交于 $V_{xh}$、$V_{yh}$，并自交点引垂直投影连线到画面，与视平线交于 $V_x$、$V_y$。

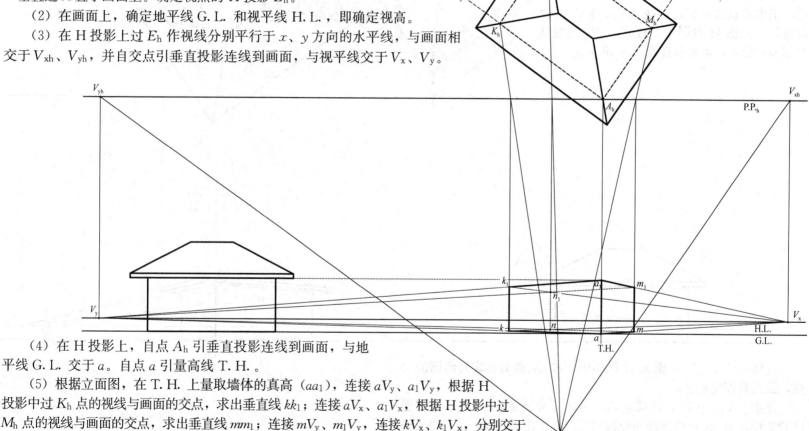

（4）在 H 投影上，自点 $A_h$ 引垂直投影连线到画面，与地平线 G.L. 交于 $a$。自点 $a$ 引量高线 T.H.。

（5）根据立面图，在 T.H. 上量取墙体的真高（$aa_1$），连接 $aV_y$、$a_1V_y$，根据 H 投影中过 $K_h$ 点的视线与画面的交点，求出垂直线 $kk_1$；连接 $aV_x$、$a_1V_x$，根据 H 投影中过 $M_h$ 点的视线与画面的交点，求出垂直线 $mm_1$；连接 $mV_y$、$m_1V_y$，连接 $kV_x$、$k_1V_x$，分别交于 $n$、$n_1$。也可根据 H 投影中，过 $N_h$ 点的视线与画面的交点，求出垂直线 $nn_1$。完成墙体透视。

图 5-18

（6）画檐口的透视（图 5-19）。

在 H 投影上，延伸 $M_hA_h$，与 $C_hP_h$ 交于 $B_h$。

根据立面图，在 T.H. 上量取檐口的真高（即 $a_1a_2$），连接 $a_1V_x$、$a_2V_x$ 并反向延长，根据 H 投影中，过 $B_h$ 点的视线与画面的交点，求出垂直线 $b_1b_2$；连接 $b_1V_y$、$b_2V_y$ 并反向延长，根据 H 投影中，过 $C_h$、$P_h$ 的视线与画面的交点，求出垂直线 $c_1c_2$ 和 $p_1p_2$。

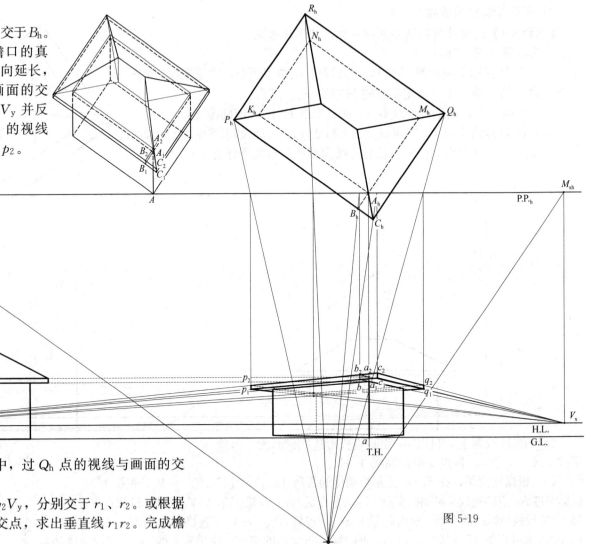

连接 $c_1V_x$、$c_2V_x$，根据 H 投影中，过 $Q_h$ 点的视线与画面的交点，求出垂直线 $q_1q_2$。

连接 $p_1V_x$、$p_2V_x$，连接 $q_1V_y$、$q_2V_y$，分别交于 $r_1$、$r_2$。或根据 H 投影中，过 $R_h$ 点的视线与画面的交点，求出垂直线 $r_1r_2$。完成檐口透视。

图 5-19

（7）画四坡屋面的透视（图 5-20）。

H 投 影 上 ， 延 伸 $J_hG_h$ ， 与 $A_hM_h$ 交 于 $F_h$。

根据立面图，在量高线 T. H. 上量取正脊到檐口上边的真高（即 $a_2a_3$）；连接 $a_2V_x$、$a_3V_x$，根据 H 投影中，过 $F_h$ 点的视线与画面的交点，求出垂直线 $f_2f_3$；连接 $f_3V_y$，根据 H 投影中，过 $G_h$ 点和 $J_h$ 点的视线与画面的交点，求出点 $g_3$ 和点 $j_3$；$g_3j_3$ 就是四坡屋面的正脊。

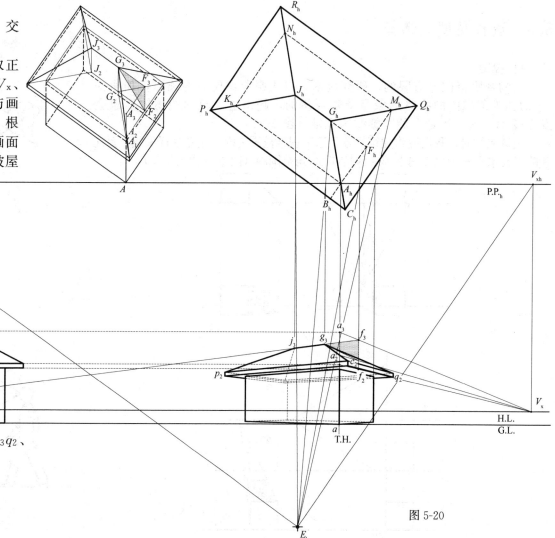

分别连接四坡屋面的四条斜脊 $g_3c_2$、$g_3q_2$、$j_3p_2$、$j_3r_2$，完成四坡屋面的透视。

图 5-20

145

## 5.3 透视角度的选择

### 1) 视锥

人的视野范围是有限的。研究显示，以人眼所在位置为顶点，顶角为60°的圆锥范围内的物体形象是清晰可辨的，超出这一范围的物体形象会发生变形。这一视觉上的圆锥称为视锥（图 5-21）。

画透视图时，我们应将建筑物置于这一视锥范围之内，避免透视失真。要注意的是在水平和垂直方向上都应保持在 60°角范围内（图 5-22、图 5-23）。

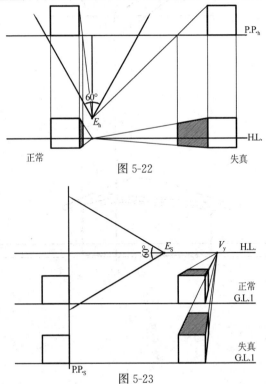

图 5-22

图 5-23

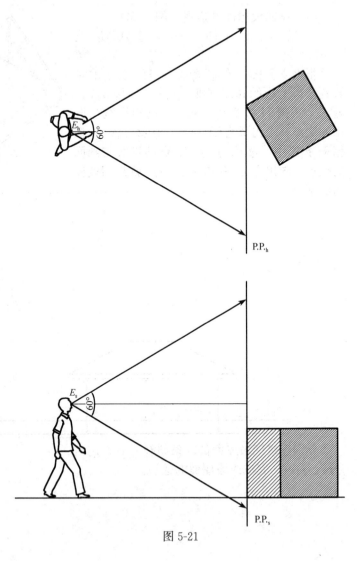

图 5-21

146

## 2）视高

视高是视点到地平线的距离。

在建筑物与画面的位置关系不变，视距不变的情况下，视高不同，即视点的高低变化，会产生不同的透视效果。

（1）视点在地平线之下，产生仰视的透视效果，也称为虫视。

（2）视点在地平线之上，视高为正常的人眼高度，称为平视。

（3）视点在地平线之上，高于建筑物的屋顶，产生俯视的透视效果（图 5-24、图 5-25）。

画透视时，可根据建筑物所处的地理位置，人的观察点，以及透视所欲表现的侧重点，来确定视高。

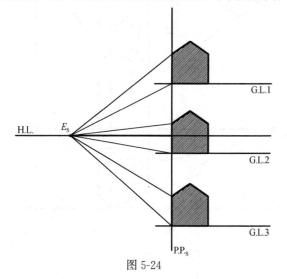

图 5-24

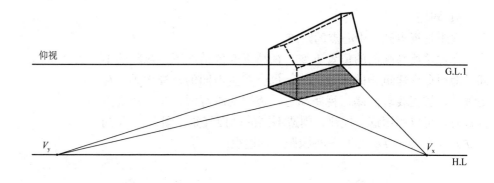

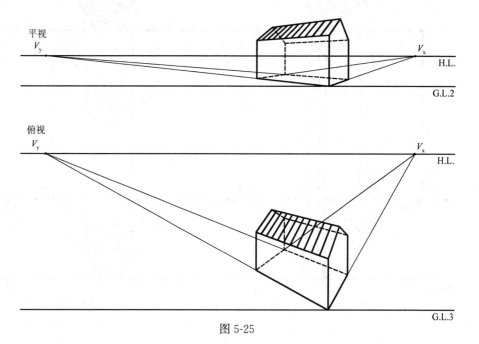

图 5-25

**3）视距**

视距是视点到视中心点的距离。

在建筑物与画面的位置不变，视高不变的情况下，视距的不同，即视点离建筑物的远近变化，也会产生不同的透视效果。视距越近，透视线越陡峭；视距越远，透视线越舒缓。在选择视点位置时，可以利用这一规律，创造不同的画面气氛。图 5-26 是同一立方体在 $D_1 < D_2 < D_3$ 三种视距下的透视。

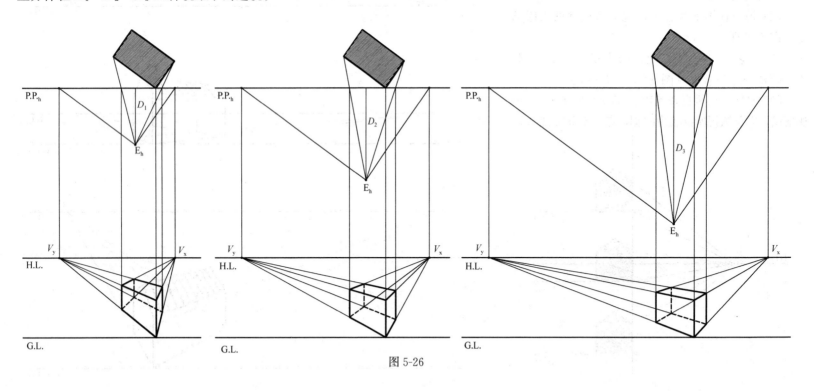

图 5-26

148

## 4）建筑物与画面的角度

在视距、视高均保持不变的情况下，建筑物与画面的角度发生变化，会使透视的效果产生很大变化。图 5-27 以立方体为例，说明了建筑物与画面的角度每转动 15°，透视所产生的变化。

通常情况下，透视往往侧重于表现建筑物主要的一面，此时可使主立面与画面所成角度在 15°～30°之间。此夹角越小，主立面的表现越全面，同时另一面的压缩越厉害。

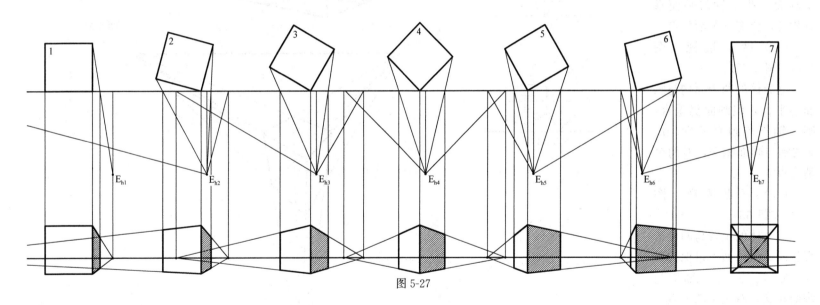

图 5-27

### 5）透视图的分类

根据画面与物体的位置关系，可以将透视分为三类（以立方体为例）。

（1）一点透视（图5-28、图5-29）。

立方体的一个面与画面平行，此时 $x$、$z$ 轴均平行于画面，唯 $y$ 轴与画面垂直相交，仅有一个消失点。

（2）两点透视（图5-30、图5-31）。

立方体的两个面均与画面不平行，但画面仍垂直，则 $z$ 轴仍与画面平行，$x$、$y$ 两轴与画面相交，有两个消失点。

（3）三点透视（图5-32、图5-33）。

立方体的位置与两点透视相同，但画面不再保持垂直，则 $x$、$y$、$z$ 三轴均与画面相交，有三个消失点。

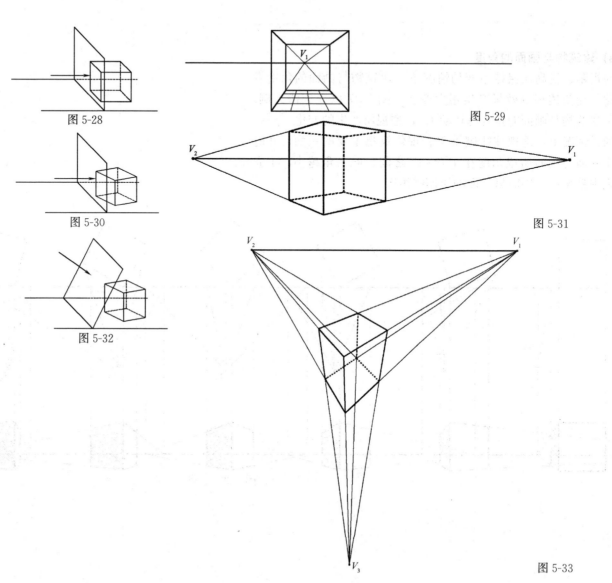

图 5-28

图 5-29

图 5-30

图 5-31

图 5-32

图 5-33

## 5.4  对透视图的深入研究

### 1) 透视图与轴测图

我们在轴测图一章中探讨过轴测轴所建立的空间网格（图5-34），当绘制轴测图时就是在这一网格体系中确定每一个点的空间位置；那么对于透视图，我们也可以建立相应的空间网格体系。对比由轴测轴所建立的空间网格，它们的差别在于：轴测图的网格中每一方向的网格线都是相互平行的，而在透视图中，同方向的网格线不一定平行，很多情况下是消失到消失点的。如图所示，一点透视的空间网格（图5-35）和两点透视的空间网格（图5-36）。

我们一旦在头脑中建立起透视图的空间网格关系，就可以根据这一空间网格确定建筑物上每一点的空间位置，这与轴测图中点的定位在意义上是一致的。

因此，我们可以清楚地认识到透视图与轴测图的差别和联系，它们都是在某一空间网格体系下，确定或者说还原空间中点的空间位置，只不过空间网格的建立方式不同，也即观察方式不同，实质上就是投影方法不同。

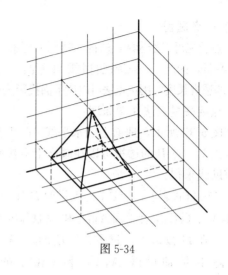

图 5-34

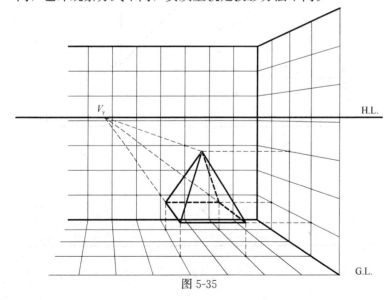

图 5-35

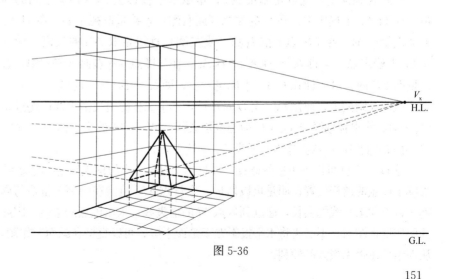

图 5-36

151

### 2）一点透视

一点透视可以作为两点透视的特例来理解。由于有两个方向（$x$、$z$方向）与画面平行，因此，一点透视的主要问题是：怎样作出与画面垂直的水平线（$y$方向）的透视长度？用量点法可以比平面投影法更快速、方便地解决这一问题。

一点透视量点法作图原理：

如图 5-37 所示，地面上的水平线 $AC$ 垂直于画面，与画面交于 $B$，其消失点为 $V$。点 $B$ 的透视可以在画面上直接确定，而点 $A$、$C$ 的透视可以借助辅助线求得。

（1）在 H 投影上，于 P.P.$_h$ 上量取 $B_hA'_h=B_hA_h$、$B_hC'_h=B_hC_h$，连接辅助线 $A_hA'_h$、$C_hC'_h$，则△$A_hA'_hB_h$ 和△$C_hC'_hB_h$ 为等腰直角三角形。

（2）在 H 投影上，过 $E_h$ 作 $E_hM_h//A_hA'_h$，与画面相交于 $M_h$，则 $M_h$ 实际上是辅助线 $A_hA'_h$ 和 $C_hC'_h$ 的消失点，这里称为量点。△$M_hE_hV_h$ 也是等腰直角三角形，$M_hV_h=V_hE_h=D$。

（3）在画面上，先确定基准点 $b$；量取水平投影上 $B_h$ 和 $V_h$ 之间的间距，在 H.L. 上确定 $V$；在 $V$ 的左侧（或右侧）直接量取视距 $D$，在 H.L. 上确定量点 $M$；在基准点 $b$ 的右侧（或左侧）直接量取 $AB$ 的长度，即在 G.L. 上确定点 $a'$，即 $ba'=B_hA'_h=B_hA_h$；在基准点 $b$ 的左侧（或右侧）直接量取 $CB$ 的长度，即在 G.L. 上确定点 $c'$，即 $bc'=B_hC'_h=B_hC_h$。

（4）在画面上，连接 $bV$，并反向延长，作出 $AB$ 的透视消失线；连接 $a'M$、$c'M$，作出辅助线 $AA'$、$CC'$ 的透视消失线。$bV$、$a'M$ 的交点即为 $a$，$bV$、$c'M$ 的交点即为 $c$，从而作出水平线 $AC$ 的透视 $ac$。

这样一来就可以不再依赖通过“H 投影上过某一点的视线与画面的交点”来确定该点的透视位置；而是可以增加一个量点 $M$，直接在画面上量取与画面垂直方向水平线的实长，通过到量点 $M$ 的消失线，求出该点的透视。因此我们作透视图时，不必再将水平投影置于画面上方，可以直接在画面上作图，从而给作图带来极大的便利。

152

由于在一点透视中，消失点与量点的间距为视距 $D$，可以很方便地画出量点 $M$，因而一点透视十分适合用量点法作图。

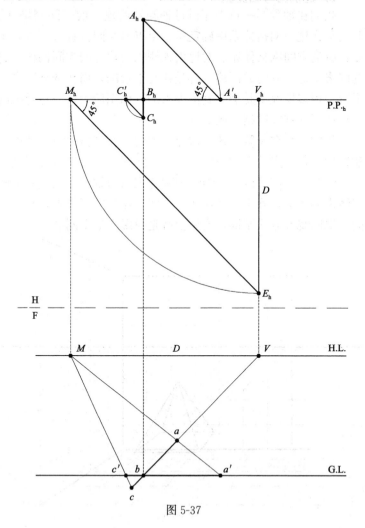

图 5-37

用量点法作立方体的一点透视，立方体平面、立面；画面和视点的平面投影如图 5-38 所示。

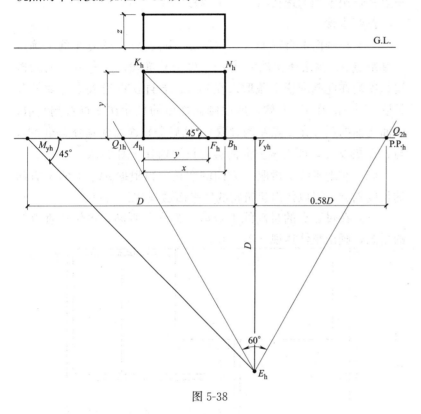

图 5-38

作图步骤分解：

（1）根据图 5-38 中消失点 $V_y$，量点 $M_y$ 和基准点 A 的位置关系，在画面上确定视平线和地平线，确定消失点 $V_y$ 和量点 $M_y$，它们之间的间距等于视距 $D$。确定物体的一个基准点 $a$，令其在地平线上；连接 $aV_y$。

如果 $M_y$ 在 $V_y$ 的左边，则在 $a$ 点的右边量取水平长度 $y$，得划分点 $f$；如果 $M_y$ 在 $V_y$ 的右边，则在 $a$ 点的左边量取，连接 $fM_y$，与 $aV_y$ 相交，得到点 $k$ 的透视（图 5-39）。

（2）在画面上量取 $x$ 方向的实长，即 $ab=x$，再连接 $bV_y$，过点 $k$ 作直线平行于 $ab$，与 $bV_y$ 交于点 $n$，作出立方体的底平面透视（图 5-40）。

（3）在画面上量取 $z$ 方向的真高，即 $aa'=bb'=z$，连接 $a'V_y$、$b'V_y$，过 $k$、$n$ 两点作垂直线，与 $a'V_y$、$b'V_y$ 分别交于 $k'$、$n'$，得量高 $kk'$、$nn'$。从而画出了立方体的透视（图 5-41）。

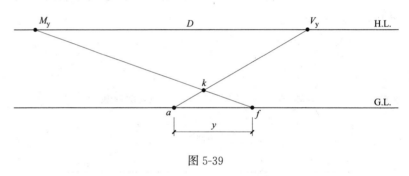

图 5-39

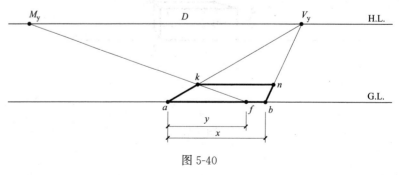

图 5-40

在平面投影上，过 $E_h$ 作 60 度角的视锥，与画面交于 $Q_1$、$Q_2$，由计算可知 $V_yQ_1=0.58D$。在画面上以 $V_y$ 为圆心，以 $V_yQ_1$ 为半径（0.58$D$）作圆，若透视在此圆内，则为正常透视，不失真。作一点透视时，一般保证主体部分在此圆内，不失真；但可以有少量局部失真，超出此圆一部分；一般不可超出以 $D$ 为半径的圆，不然则失真过大。

由于一点透视的 $x$ 轴方向和 $z$ 轴方向均与画面平行，对表现建筑物的三维造型不利，但却特别适合表达纵深感（与画面垂直方向），如街景，柱廊等纵向延伸的空间，也适于表现室内空间。

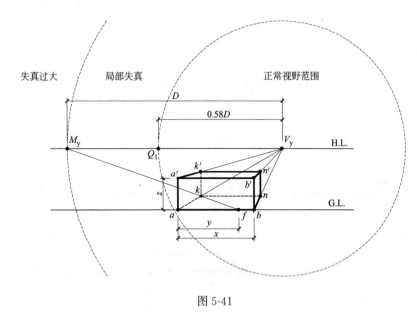

图 5-41

【例题 5-2】已知建筑物的平面、立面；自定视高、视距，用量点法作出准确的透视图（图 5-42）。

作图步骤：

（1）在画面上自定 H.L.、G.L.、$V_y$、$M_y$。在地平线上确定一基准点 $a$，画出透视消失线 $aV_y$ 作为基准线，所有 $y$ 方向的透视长度均在此基准线上截取。在 G.L. 上自 $a$ 点量取 $y$ 方向的各长度（因 $M_y$ 在 $V_y$ 左侧，所以画面之后的尺寸在 $a$ 点右侧量取，画面之前的尺寸在 $a$ 点左侧量取），然后分别连接各划分点至 $M_y$，与 $aV_y$ 的交点，即为 $y$ 方向的透视长度划分（图 5-43）。

（2）在地平线上量取 $x$ 方向的实长，再根据 $aV_y$ 上的 $y$ 方向的长度划分，可以作出建筑物的底平面透视（图 5-44）。

（3）在过 $a$ 点的量高线上量取 $z$ 方向的真高，再作各垂直线的量高，画出整体透视（图 5-45）。

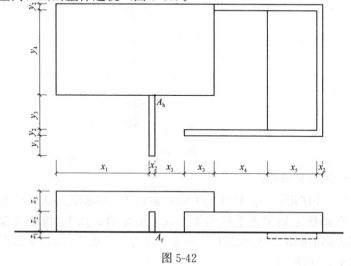

图 5-42

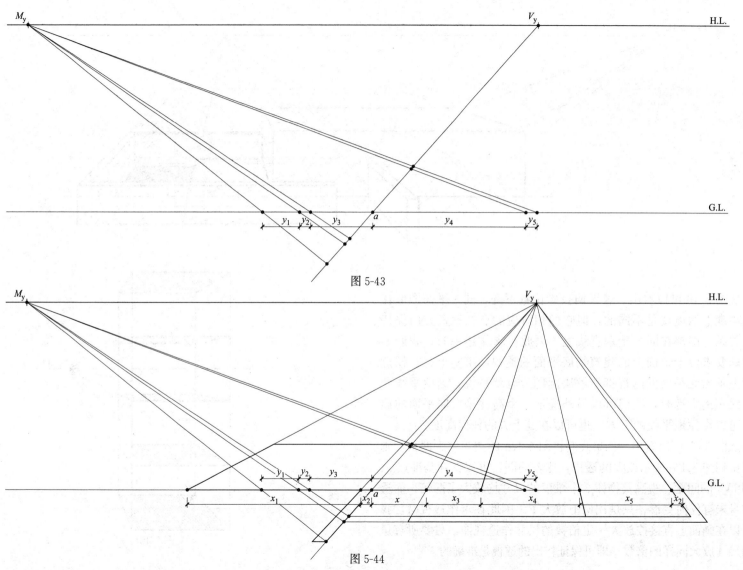

$M_y$     $V_y$     H.L.

G.L.

$y_1$   $y_2$   $y_3$   $a$    $y_4$    $y_5$

图 5-43

$M_y$     $V_y$     H.L.

G.L.

$y_1$   $y_2$   $y_3$    $y_4$    $y_5$

$x_1$    $x_2$ $a$   $x$    $x_3$    $x_4$     $x_5$    $x_2$

图 5-44

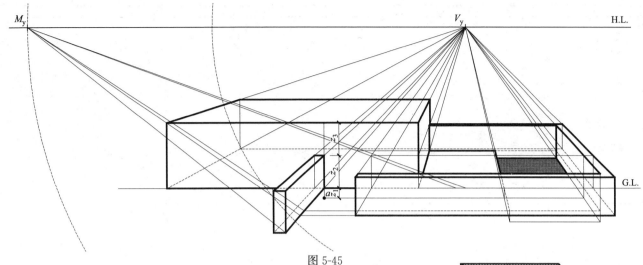

图 5-45

从图 5-46 可以看出，若平面投影位置不变，同一平面图形在不同高度上的透视是不同的，但它们相对应的点在垂直方向保持对应关系，即都在同一条垂直线上。因此在求作透视时，我们不一定非要求位于地面上的建筑物底平面的透视，事实上，在任意高度上求出底平面的透视都能解决问题。也就是说，当地平线和视平线距离太近时，我们可以另外确定一个高度来求底平面的透视，可以在原地平线的下方，也可以在其上方的任何高度。

从图 5-47 可以看出，如果我们将图 5-47$a$ 的透视放大两倍，则可以得到图 5-47$b$ 所示放大的透视，比较两图，可以看到基准点 $a$、$M_y$ 和 $V_y$ 的间距、视高及物体 3 个维度的尺寸均放大了两倍，而透视本身未有任何变形，只是比例上放大了。因此在求作透视时，我们可以在画面上直接按放大一定倍数的尺寸作透视图，只要所有量取的尺寸放大同样的倍数，即可保证作出的透视是准确的。

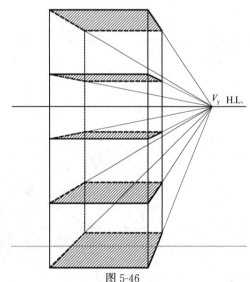

图 5-46

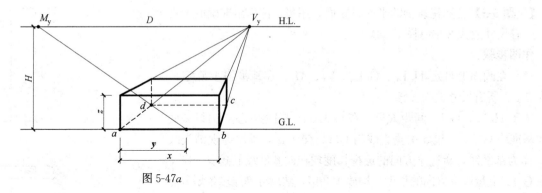

图 5-47a

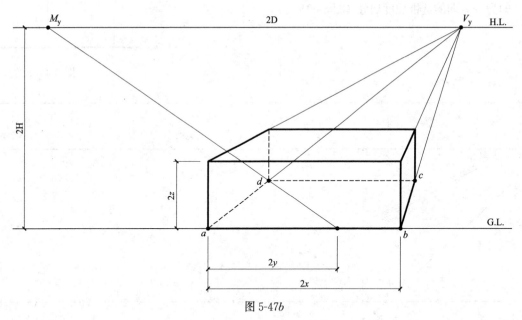

图 5-47b

**【例题 5-3】** 已知建筑物的平面、立面，用量点法作出准确的透视图，所有尺寸放大 2 倍（图 5-48）。

作图步骤：

（1）在画面上自定 H.L.、G.L.、$V_y$、$M_y$。在地平线上确定一基准点 $a$。所有尺寸放大 2 倍。

由于 H.L.、G.L. 间距太近，在 G.L. 下方任意位置，另设一底平面基准线 G.L.'。过 $a$ 引垂直线与 G.L.' 交于 $a'$，画出透视消失线 $a'V_y$ 作为基准线，所有 $y$ 方向的透视长度均在此基准线上截取。自 $a'$ 点在 G.L.' 上量取 $y$ 方向的长度，均放大 2 倍，然后分别连接各划分点至 $M_y$，与 $a'V_y$ 的各交点，即为 $y$ 方向的透视长度划分（图 5-49）。

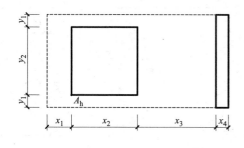

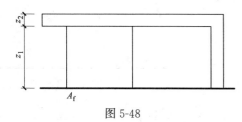

图 5-48

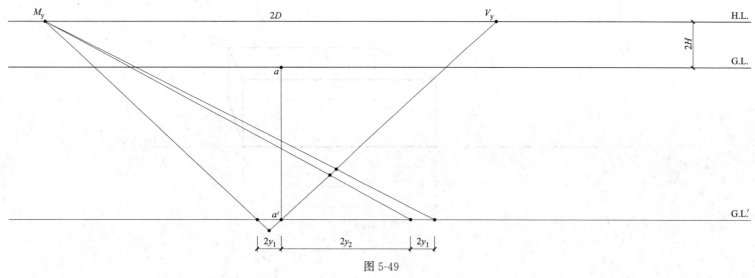

图 5-49

（2）在 G.L.′ 上量取 $x$ 方向的实长，再根据 $a'V_y$ 上的 $y$ 方向的长度划分，可以作出建筑物在 G.L.′ 所在高度上的底平面透视（图 5-50）。

由于立面图上本身包含两个方向的尺寸，所以我们可以直接将放大两倍的立面（含 $x$、$z$ 方向尺寸）放到画面上，方便绘图。

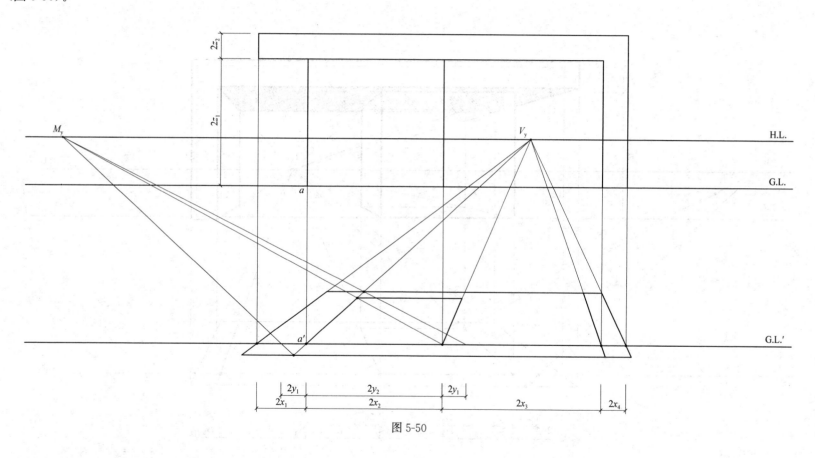

图 5-50

（3）利用立面上已有的 $z$ 方向的真高，作各垂直线的量高，画出整体透视（图 5-51）。

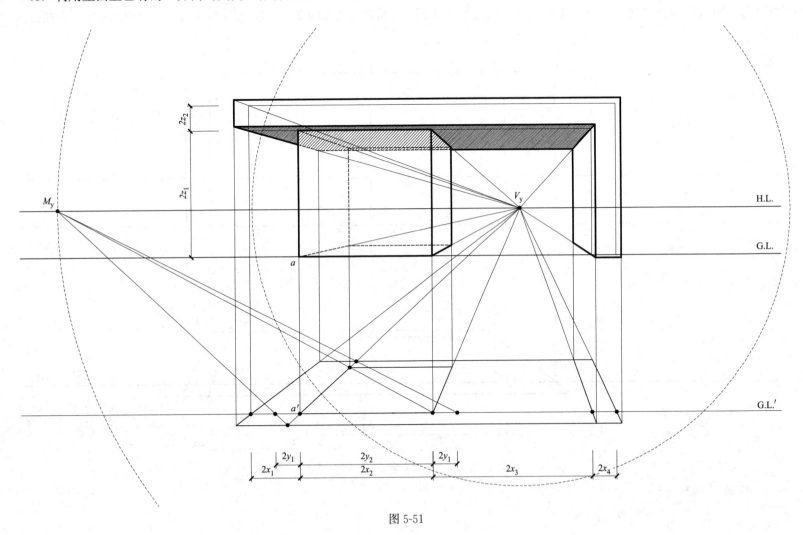

图 5-51

**【例题 5-4】** 已知建筑物的剖面与一层平面，柱距为 $y_2$；柱子为方柱，边长 $y_1$。利用剖面作建筑物的剖透视和室内透视（图 5-52）。

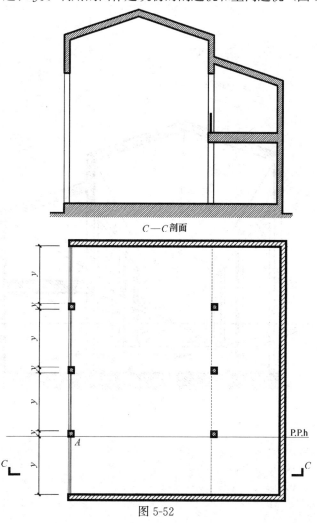

$C$—$C$ 剖面

图 5-52

作图步骤：

（1）在剖面图上直接确定 H.L.、$V_y$、$M_y$。地平线 G.L. 即为剖面上的室内地面线，在 G.L. 上确定一基准点 $a$。画出透视消失线 $aV_y$ 作为基准线，所有 $y$ 方向的透视长度均在此基准线上截取，在 G.L. 上自 $a$ 点量取 $y$ 方向的长度，然后分别连接至 $M_y$，与 $aV_y$ 的交点，即为 $y$ 方向的透视长度划分（图 5-53）。

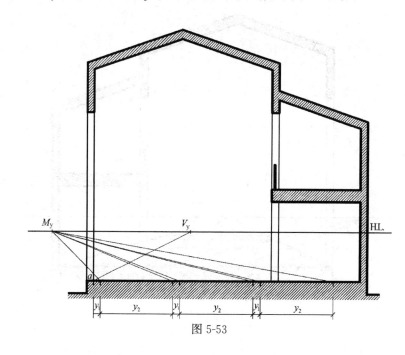

图 5-53

161

（2）由于剖面上本身含有 $x$ 和 $z$ 方向的实长，再根据 $aV_y$ 上的 $y$ 方向的长度划分，可以作出底平面透视（图 5-54）。

（3）根据 $z$ 方向的真高，作各垂直线的量高，画出剖面透视（图 5-55）。

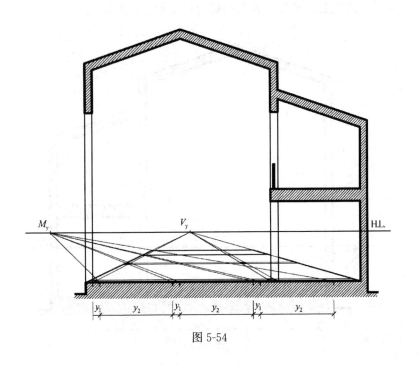

图 5-54

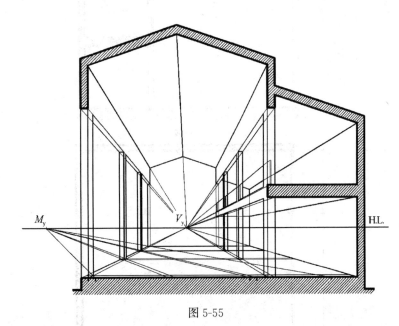

图 5-55

162

（4）画出屋面和地面的表面划分线，丰富画面效果。剖透视可以同时表达建筑剖面和室内空间的透视效果，应用广泛（图5-56）。

（5）在剖透视基础上，确定一定的画面范围，将透视线延伸至画面边线，擦去剖断线，可以得到建筑物的室内透视（图5-57）。

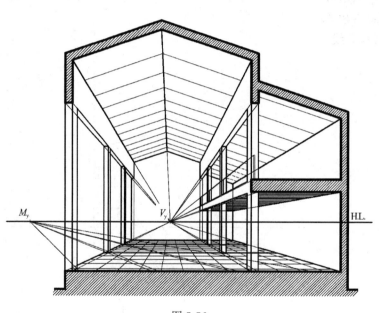

图 5-56

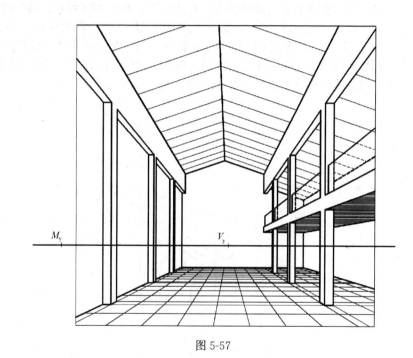

图 5-57

与画面相交的直线有消失点，与画面相交的平面也有消失线。平面的消失线是过视点作平行于该平面的视平面与画面的交线。而平面上任一直线的消失点应在该平面的消失线上。

　　水平面的消失线是视平线 H.L.。所有水平线的消失点都在视平线 H.L. 上。

　　在一点透视中，$x$ 方向的垂直面与画面平行，没有消失线。该垂面上的斜线也与画面平行，没有消失点，透视与原直线平行。如例题 5-4 中的斜屋面。

　　而 $y$ 方向的垂直面与画面相交，有消失线。如图 5-58 所示，消失线为过视中心点 $C.V.$（$V_y$）的垂直线 VL。该垂面上的斜线 $AB$、$AC$ 有消失点 $V_1$、$V_2$，$V_1$、$V_2$ 应在消失线 VL 上。若将视平面 $EV_1V_2$ 旋转 $90°$，至与画面相重合，则 $E$ 点与 $M$ 点相重合。假设斜线 $AB$、$AC$ 与水平方向的夹角为 $\alpha$，那么在画面上可从 $M$ 点直接作直线，令其与视平线的夹角为 $\alpha$，与 VL 的交点就是 $V_1$、$V_2$（图 5-59）。

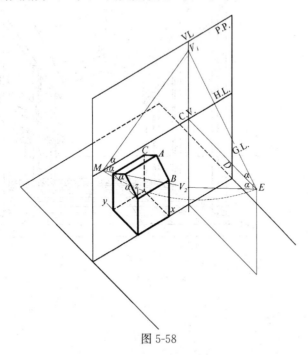

图 5-58

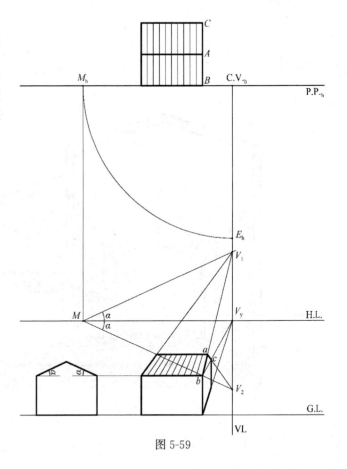

图 5-59

164

利用斜线的消失点作室内单跑楼梯的方法。

（1）连接所有踏步顶端可得一斜线，楼梯底板与扶手也平行于这一斜线。可根据量点 $M_y$ 和斜线倾斜的角度 $\alpha$ 求出此斜线的消失点 $V_1$。

（2）画出第一个踏步的高度，连接该踏步顶点与 $V_1$，得斜线的透视。

（3）在量高线上划分出每一个踏步的高度，各划分点与 $V_y$ 连接，得一组连线。连线与斜线的交点就是各踏步的顶点。从而可以作出整个楼梯的透视（图 5-60）。

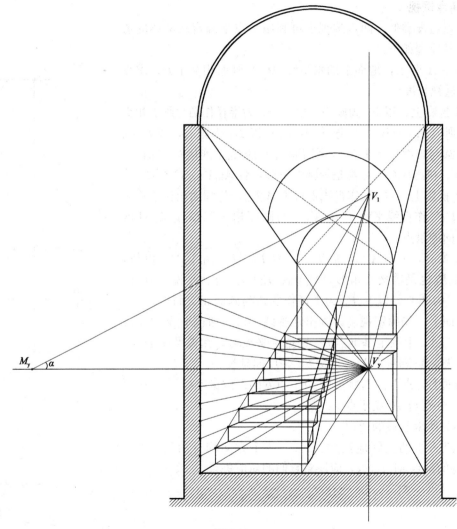

图 5-60

### 3）两点透视

与一点透视类似，两点透视也可利用量点来确定水平线的透视长度，其原理如下：

如图 5-61 所示，地面上的水平线 $AC$ 与画面相交于 $B$，求直线 $AC$ 的透视长度。

在 H 投影上，以 $B_h$ 为圆心，以 $A_hB_h$ 为半径作圆与画面相交于 $A'_h$，则 $B_hA'_h = B_hA_h$，连接 $A_hA'_h$；以 $B_h$ 为圆心，以 $C_hB_h$ 为半径作圆与画面相交于 $C'_h$，则 $B_hC'_h = B_hC_h$，连接 $C_hC'_h$；则 $\triangle B_hA_hA'_h$ 和 $\triangle B_hC_hC'_h$ 都是等腰三角形，且 $A_hA'_h /\!/ C_hC'_h$。

在 H 投影上，过 $E_h$ 作视线平行于 $A_hC_h$，与画面相交于消失点 $V_h$。过 $E_h$ 作视线平行于 $A_hA'_h$，与画面相交于 $M_h$，点 $M$ 就是这一方向的量点。

因为 $M_hE_h /\!/ A_hA'_h$，所以 $\triangle V_hM_hE_h$ 与 $\triangle B_hA_hA'_h$ 相似，即 $\triangle V_hM_hE_h$ 也是等腰三角形，$M_hV_h = E_hV_h$。也就是说，$M_h$ 点也可以 $V_h$ 为圆心，以 $V_hE_h$ 为半径作圆弧与画面相交而得。

在画面上，先确定视高，画出地平线 G.L. 和视平线 H.L.；在地平线 G.L. 上确定基准点 $b$；根据水平投影，在视平线 H.L. 上量取消失点 $V$ 和量点 $M$；连接 $bV$ 并反向延长。

在画面上，点 b 的右侧量取 $ba'$，点 b 的左侧量取 $bc'$；连接 $a'M$、$c'M$，分别与 $bV$ 交于点 $a$、点 $c$。

$ac$ 即为所求直线的透视。

在两点透视的实际应用中，$x$、$y$ 两个方向均有消失点 $V_x$、$V_y$ 和相应的量点 $M_x$、$M_y$，应注意它们的对应关系。

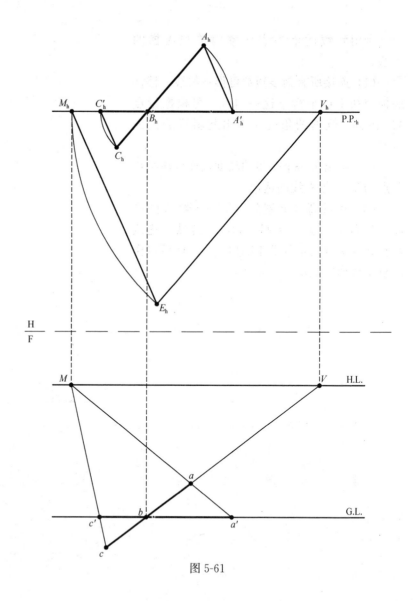

图 5-61

求立方体的两点透视：

（1）依据平面投影上，立方体与画面的角度，视点的位置，确定 $V_{xh}$、$V_{yh}$、$M_{xh}$、$M_{yh}$（图 5-62）。

（2）在画面上，先确定视高，画出地平线 G.L. 和视平线 H.L.；在 H.L. 上量取 $V_x$、$V_y$、$M_x$、$M_y$，在 G.L. 上量取基准点 $a$；连接 $aV_x$、$aV_y$。在点 $a$ 的两侧分别量取 $x$、$y$ 两个方向的实长，分别连接到 $M_x$、$M_y$，与 $aV_x$、$aV_y$ 分别相交于点 $b$、点 $d$；注意 $x$、$y$ 两个方向的消失点、量点和量取的实长的对应关系（图 5-63）。

（3）连接 $bV_y$、$dV_x$，交点为 $c$，作出立方体底平面的透视（图 5-64）。

（4）在 $a$ 点所在量高线上量取真高，作出立方体各点的量高，完成立方体的透视（图 5-65）。

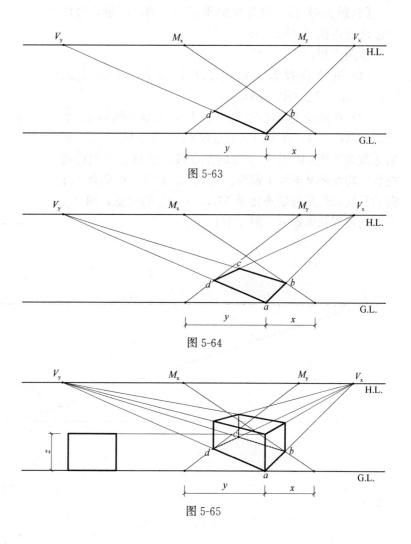

图 5-63

图 5-64

图 5-65

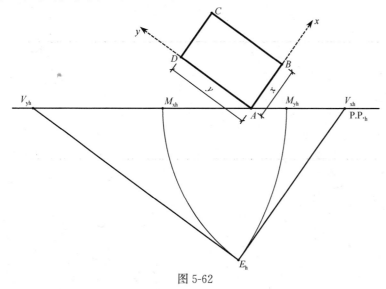

图 5-62

167

**【例题 5-5】**已知高低床的平面、立面，用量点法作出准确的透视图（图 5-66）。

作图步骤：

（1）在平面投影上确定 P.P.$_h$ 和 E$_h$，作出 $V_{xh}$、$V_{yh}$、$M_{xh}$、$M_{yh}$（图 5-66）。

（2）在画面上确定 H.L.、G.L.，在地平线 G.L. 上确定一基准点 $a$，在 H.L. 上量取 $V_x$、$M_x$、$V_y$、$M_y$；画出透视消失线 $aV_y$ 作为 $y$ 方向基准线，所有 $y$ 方向的透视长度均在此基准线上截取。在 G.L. 上自 $a$ 点量取 $y$ 方向的长度，然后分别连接至 $M_y$，与 $aV_y$ 的交点，即为 $y$ 方向的透视长度划分（图 5-67）。

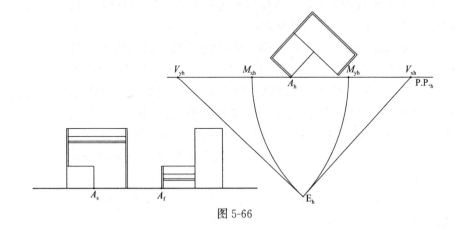

图 5-66

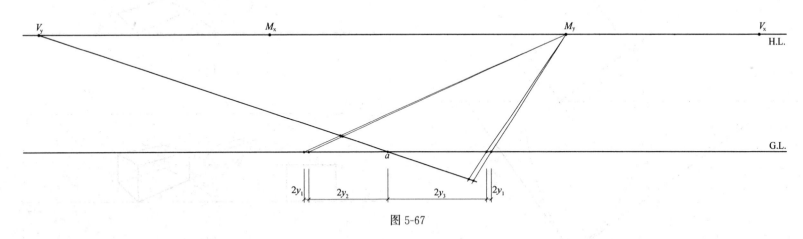

图 5-67

168

（3）画出透视消失线 $aV_x$ 作为 $x$ 方向基准线，所有 $x$ 方向的
透视长度均在此基准线上截取。在 G.L. 上自 $a$ 点量取 $x$ 方向的
长度，然后分别连接至 $M_x$，与 $aV_x$ 的交点，即为 $x$ 方向的透视长
度划分（图 5-68）。

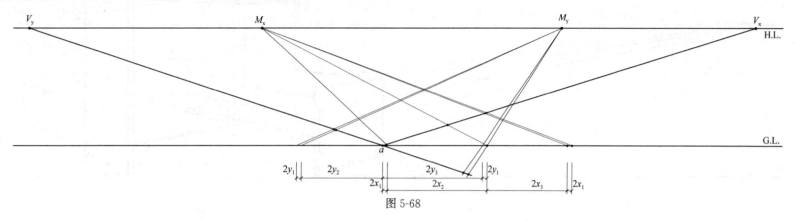

图 5-68

（4）根据 $aV_y$ 上的 $y$ 方向的长度划分，$aV_x$ 上的 $x$ 方向的长
度划分，可以作出家具的底平面透视（图 5-69）。

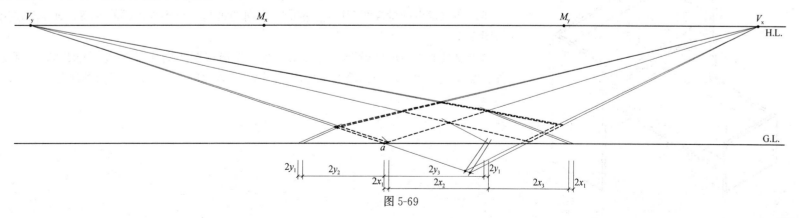

图 5-69

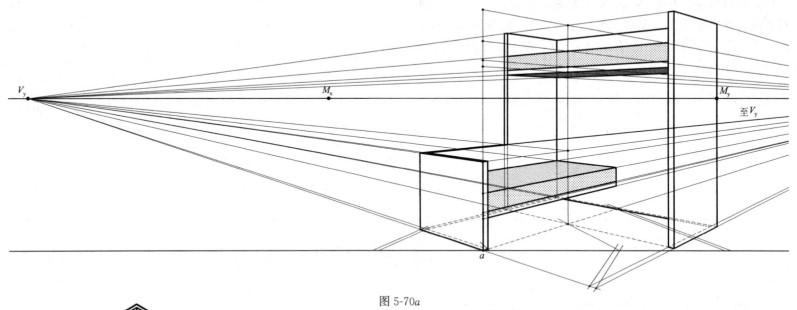

图 5-70a

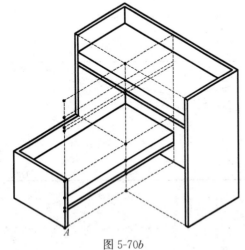

图 5-70b

（5）在过 $a$ 点的量高线 TH. 上量取 $z$ 方向的真高，作各垂直线的量高，画出整体透视（图 5-70）。

由于家具的板材厚度较薄，为表示清楚，将透视图画面作了放大，致使 $V_x$ 在画面之外。实际上，所有右侧的消失线均消失到 $V_x$。对比图 5-70（$a$）所示轴测图，可以清楚地看到各量高的作法。

从 5.3 节透视角度的选择中，我们知道建筑物与画面的夹角在 $15°\sim30°$ 之间，两点透视效果较理想，而当物体与画面的夹角为 $30°$ 时，$V_x$、$V_y$、$M_x$、$M_y$ 及 $E_h$ 之间存在一个确定的几何关系，如图 5-71 所示。$E_h$ 在以 $V_xV_y$ 为直径的圆上，其中一个量点（如 $M_x$）在 $V_xV_y$ 的中点，另一个量点（如 $M_y$）在 $M_xV_x$ 的约四分之一处。因此我们可以脱离平面投影，直接在画面上设定两消失点 $V_x$、$V_y$ 的间距，再根据这一几何关系，确定 $M_x$、$M_y$ 的位置。此法称为透视简法，运用方便，透视效果也较理想，缺点是角度单一。

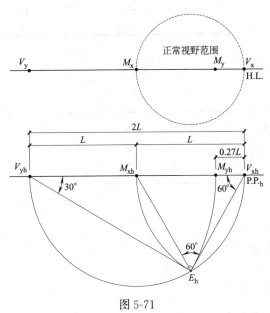

图 5-71

运用透视简法时，在平面投影上，$E_hM_{xh}$ 与 $E_hV_{xh}$ 的夹角恰好为 $60°$，也就是说以视点 $E$ 为顶点的 $60°$ 视锥与画面的交线恰好是以 $M_xV_x$ 为直径的圆，因而我们可以直接在透视图上画出此圆，只要透视完成后在此圆内就可保证透视不失真。如图 5-72 所示，当我们选择物体在 1 或 2 的位置，可以得到正常的透视，而当置于 3 的位置，则透视失真。

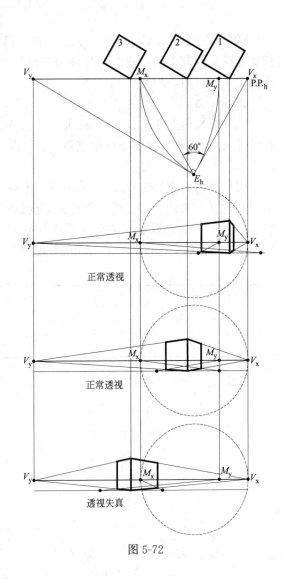

图 5-72

171

【例题 5-6】已知建筑物的平面、立面，已知视高 $H$、$V_x$、$V_y$ 和基准点 $a$ 位置关系，建筑物与画面夹角为 30°。求作两点透视，并放大 3 倍（图 5-73）。

作图步骤：

（1）在画面上画出 G.L.、H.L.、$V_x$、$V_y$ 和基准点 $a$，将所有尺寸放大 3 倍。取 $V_x V_y$ 的中点为一个量点 $M_x$，再取 0.27 倍的 $M_x V_x$ 为另一个量点 $M_y$。

（2）设辅助地平线 G.L.′，在 G.L.′ 上画出基准点 $a'$，连接 $a'$ $V_x$，以这条消失线为基准线，所有 $x$ 方向的透视长度均在此基准线上截取。自 $a'$ 点量取 $x$ 方向的长度（放大 3 倍），然后连接至 $M_x$，与 $a' V_x$ 的交点，即为 $x$ 方向的长度划分（图 5-74）。

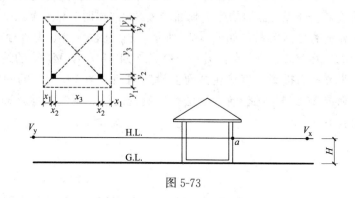

图 5-73

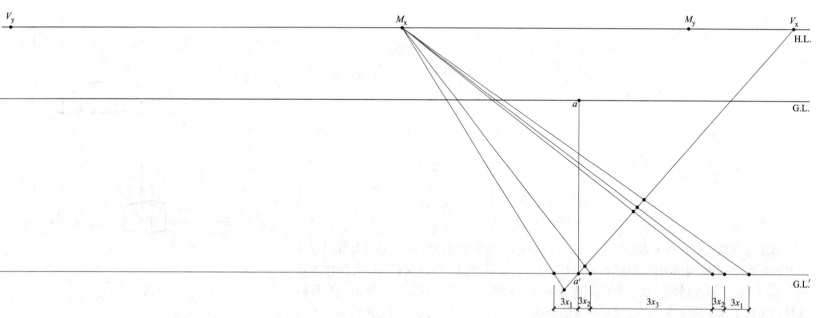

图 5-74

172

（3）连接 $a'V_y$，以这条消失线为基准线，所有 $y$ 方向的透视长度均在此基准线上截取。在 G.L.$'$ 上，自 $a'$ 点量取 $y$ 方向的长度（放大 3 倍），然后分别连接至 $M_y$，与 $a'V_y$ 的交点，即为 $y$ 方向的长度划分（图 5-75）；

（4）以 $a'V_x$ 上 $x$ 方向的长度划分，和 $a'V_y$ 上 $y$ 方向的长度划分为依据，画出底平面透视（图 5-76）。

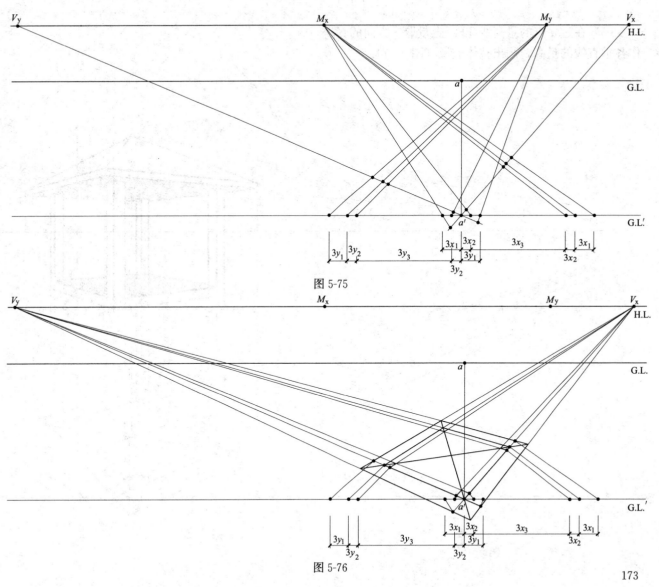

图 5-75

图 5-76

（5）在过 $a$ 点的量高线 TH. 上量取 $z$ 方向的真高，作各垂直线的量高，画出整体透视（图 5-77）。

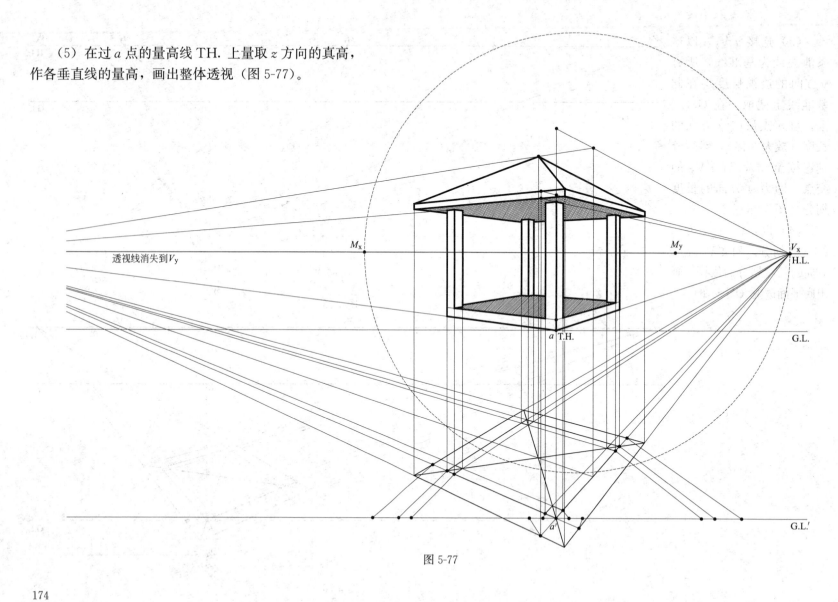

图 5-77

【例题 5-7】已知建筑物的平、立面，用透视简法求作透视（图 5-78）。

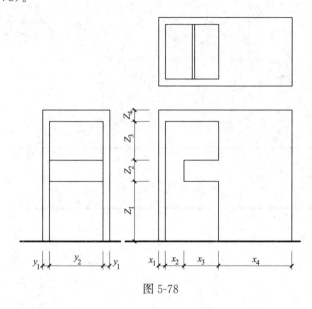

图 5-78

解题步骤：

（1）将建筑物的两个立面，按图示位置置于半透明的画面之下（例图用虚线示意）。在画面上确定视平线 H. L.。

（2）以建筑物上两个立面重合的那条垂直边为基准线 $a$，根据经验，试画从 $a$ 点出发的透视消失线 $aV_x$、$aV_y$，确定 $V_x$、$V_y$；取 $V_xV_y$ 的中点为一个量点 $M_y$，再取 0.27 倍的 $M_yV_y$ 为另一个量点 $M_x$（图 5-79）。

（3）画出以 $M_yV_y$ 为直径的圆。利用量点试作建筑物的透视轮廓. 若透视轮廓在此圆内则说明不失真，可继续作透视。若超出此圆说明失真，则需调整消失点的位置，直到透视轮廓在此圆

内，方可继续作透视（图 5-80）。

（4）利用立面，将 $x$、$y$、$z$ 三个方向的尺寸划分在量线 M. L. 和量高线 T. H. 上量取出来（图 5-81）。

（5）由于视平线与地平线间距较近，而建筑物较高。可以不画建筑的底平面透视，而改画建筑物的顶平面透视。利用立面图上 $a$ 点右侧已有的 $x$ 方向的长度划分，分别连接至 $M_x$，与 $aV_x$ 的交点即为 $x$ 方向的透视长度划分；利用立面图上 $a$ 点左侧已有的 $y$ 方向的长度划分，分别连接至 $M_y$，与 $aV_y$ 的交点即为 $y$ 方向的透视长度划分（图 5-82）；

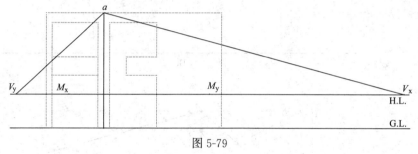

图 5-79

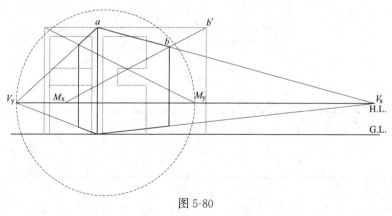

图 5-80

175

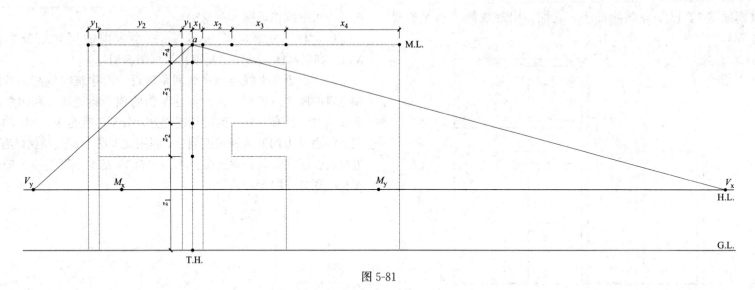

图 5-81

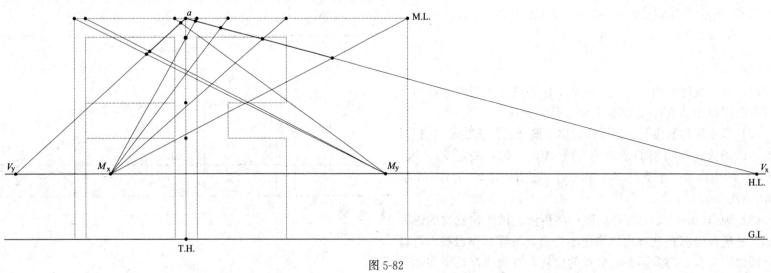

图 5-82

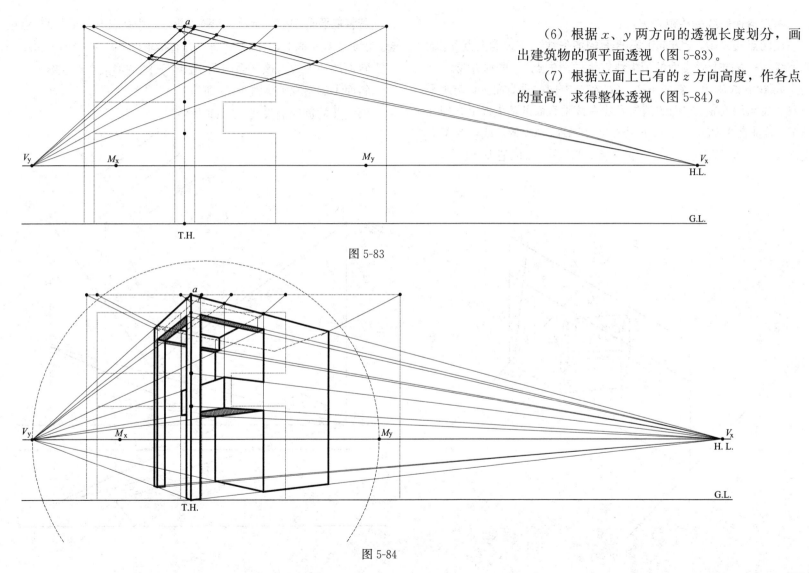

（6）根据 $x$、$y$ 两方向的透视长度划分，画出建筑物的顶平面透视（图 5-83）。

（7）根据立面上已有的 $z$ 方向高度，作各点的量高，求得整体透视（图 5-84）。

图 5-83

图 5-84

两点透视斜线的透视消失点：

在两点透视中，$x$ 方向上垂直面的消失线，为过消失点 $V_x$ 的垂直线；$y$ 方向上垂直面的消失线，为过消失点 $V_y$ 的垂直线。

如图 5-85 所示，斜线 $AB$、$AC$ 在 $x$ 方向的垂直面上，与水平方向的夹角均为 $\alpha$。它们的消失点应在该垂直面的消失线上，即在过 $V_x$ 的垂直线 $VL_1$ 上。过 $E$ 作平行于 $AB$、$AC$ 的视线，与 $VL_1$ 交于 $V_1$、$V_2$，则 $V_1$ 是 $AB$ 的消失点，$V_2$ 是 $AC$ 的消失点。

若将视平面 $EV_1V_2$ 旋转至与画面重合，则视点 $E$ 与量点 $M_x$ 点重合，因此可在画面上，自 $M_x$ 点作 $\alpha$ 角直接求出 $V_1$、$V_2$（图 5-86）。

斜面的消失线为该平面内两组相交直线的消失点的连线。

斜面 I 的透视消失线 $VL_2$ 即为 $V_yV_1$。

斜面 II 的透视消失线 $VL_3$ 即为 $V_yV_2$。

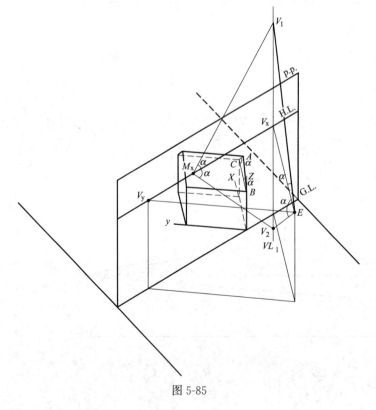

图 5-85

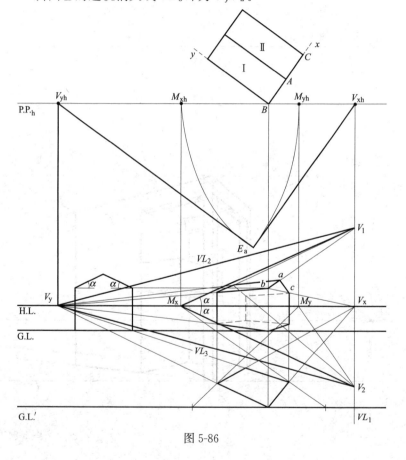

图 5-86

**【例题 5-8】** 已知建筑物的平面、立面，用量点法作透视，并放大 2 倍（图 5-87）。

作图步骤：

（1）将放大两倍的两个立面以 $a$ 点对位放在半透明的画面之下（用虚线示意）。在画面上确定 H.L.、G.L.、$V_x$、$V_y$、$M_x$、$M_y$ 和基准点 $a$，所有尺寸放大 2 倍。试作透视轮廓，调整各点位置，直到透视不失真。

（2）设辅助地平线 G.L.′，在 G.L.′ 上画出基准点 $a'$，连接 $a'V_y$，以这条消失线为基准线，所有 $y$ 方向的透视长度均在此基准线上截取。直接利用立面得到 $y$ 方向的实长，连接至 $M_y$，与 $a'V_y$ 的交点，即为 $y$ 方向的透视长度划分。

连接 $a'V_x$，以这条消失线为基准线，所有 $x$ 方向的透视长度均在此基准线上截取。直接利用立面得到 $x$ 方向的实长，分别连接至 $M_x$，与 $a'V_x$ 的交点，即为 $x$ 方向的透视长度划分（图 5-88）；

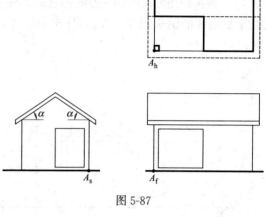

图 5-87

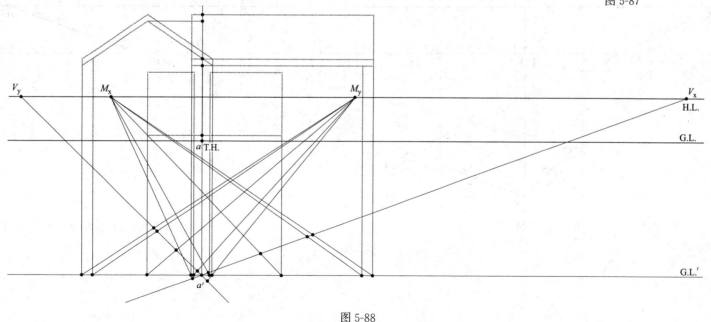

图 5-88

（3）画出准确的底平面透视（图 5-89）。

（4）直接利用立面得到 $z$ 方向的真高，作各垂直线的量高。作出山墙面斜线的消失点 $V_1$、$V_2$，作出斜屋面，画出整体透视（图 5-90）。

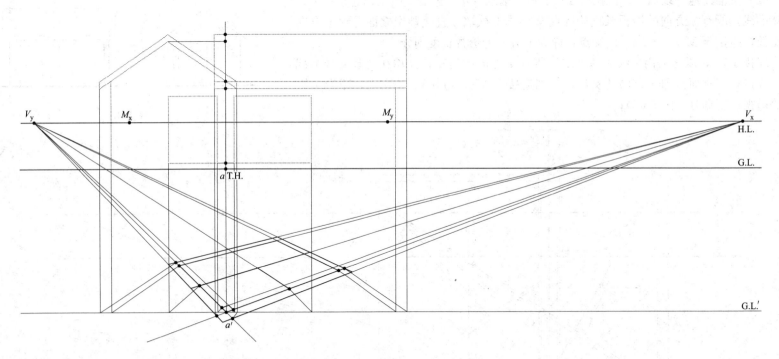

图 5-89

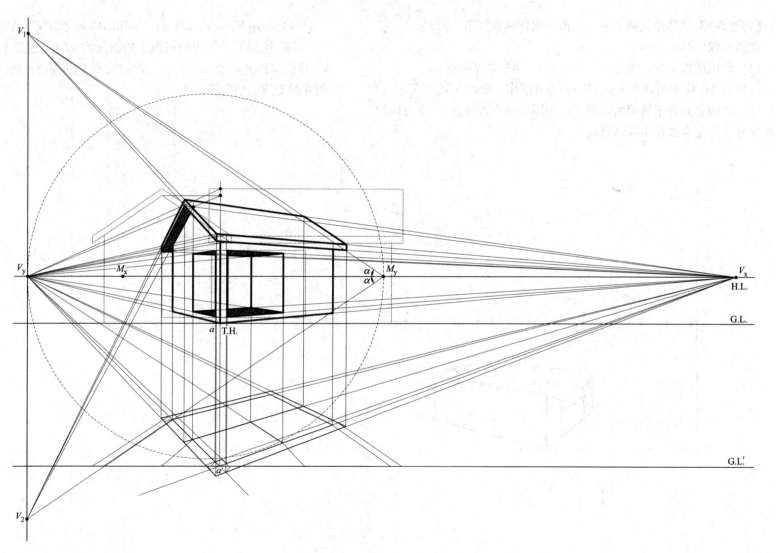

图 5-90

**【例题 5-9】** 已知建筑物的平、立面，求作透视（图 5-91）。

作图步骤（图 5-92）：

（1）利用透视简法，确定 $V_x$、$V_y$、$M_x$、$M_y$ 和基准点 $a$。

（2）自 $M_x$ 作 $\alpha$ 角，得 $V_{x1}$、$V_{x2}$；自 $M_y$ 作 $\alpha$ 角，得 $V_{y1}$、$V_{y2}$；

（3）将两立面置于透明的画面下，利用立面直接得到 $x$、$y$ 方向的长度划分，由量点法作出墙体透视；

（4）利用 $V_{x1}$、$V_{x2}$、$V_{y1}$、$V_{y2}$ 作山墙面上斜线的透视；

（5）连接 $V_{x1}V_y$ 得斜屋面Ⅰ的消失线 $VL_1$，连接 $V_{y1}$ $V_x$ 得斜屋面Ⅱ的消失线 $VL_2$，两线交点 $V_3$ 是两斜屋面Ⅰ和Ⅱ的交线的消失点。

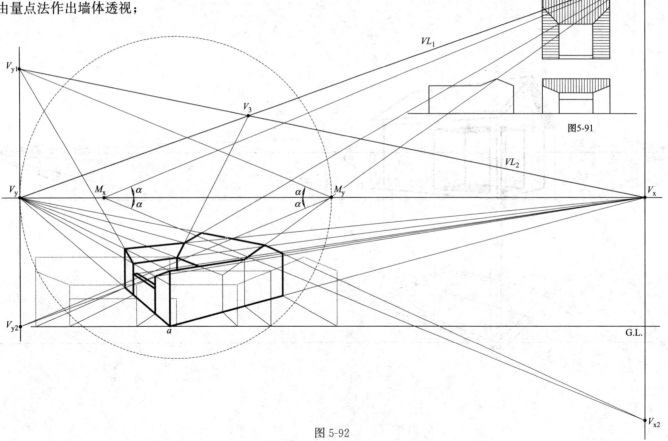

图5-91

图 5-92

## 4）三点透视

当画面与地面不垂直时，$z$ 轴与画面也不平行，此时为三点透视。

如图 5-93 所示，三点透视的作图，需利用 H、S 两个投影。在 S 投影上求出 $z$ 方向的消失点 $V_{zs}$ 和量点 $M_{zs}$。

由于画面倾斜，不能直接从 S 投影面作投影连线到画面，应将 P.P.$_s$ 旋转至垂直位置，再作 $V_{zs}$、$M_{zs}$ 的投影连线到画面上，与过 C.V. 的垂直线相交于 $V_z$、$M_z$。同时，在 H 投影上，G.L.$_h$ 与 H.L.$_h$ 不再重合，应注意 $V_x$、$V_y$、$M_x$、$M_y$ 均应在 H.L.$_h$ 的投影上。

确定三个消失点和三个量点后，以立方体在画面上的一点 $A$ 为基准，先按两点透视求底平面的方法，求出立方体的底平面，再连接 $aV_z$，在量高线 T.H. 上量出真高 $ab'$，连接 $bM_z$ 与 $aV_z$ 相交于 $a'$，得立方体的顶点 $a'$，再作出整体透视。

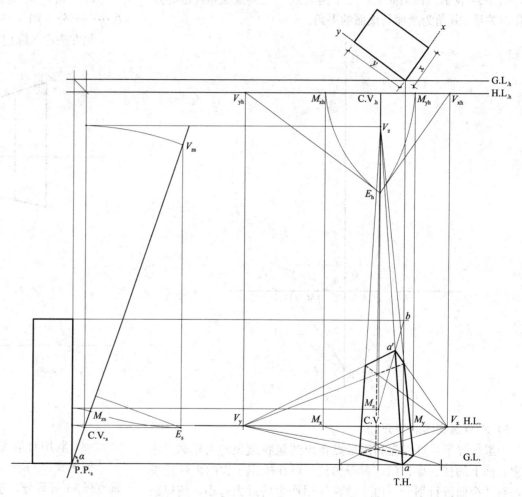

图 5-93

183

图 5-94 表示：在画面上，三个消失点、三个量点和视中心点的几何关系。α 角为画面与地面的夹角。

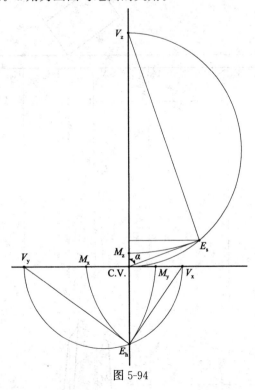

图 5-94

**5) 垂直透视面的划分**

一般情况下，可以先利用量点作出建筑物透视的大轮廓，建筑物立面上的柱、梁、门、窗等构件，可在确定了大的形体透视后，对透视面进行划分。由于透视作用产生的近大远小，使得纵深方向的划分不能直接量取。这里介绍几种划分的方法，熟练掌握这些方法，会给作图带来极大的方便。

（1）利用对角线交点等分矩形，可将矩形分为二、四、八……等分（图 5-95）。

此方法在实际应用中十分方便，如图 5-96～图 5-99 所示。

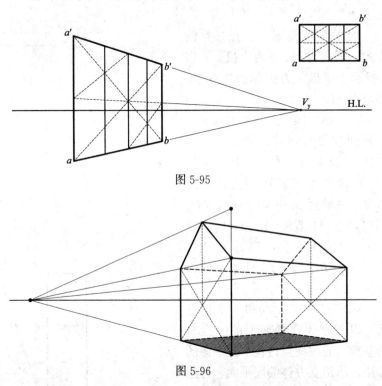

图 5-95

图 5-96

（2）利用对角线，将垂直方向的划分，转化到纵深方向。

如图 5-100 所示，已知矩形 $aa'b'b$ 的透视，连接对角线 $ab'$；将垂直线 $aa'$ 五等分，连接各等分点与 $V_y$，与对角线相交；自各交点作垂直线，得到 $a'b'$ 方向的 5 等分。实例如图 5-101、图 5-102 所示。

此方法也可对矩形作非等量的划分，只要比例相同即可。

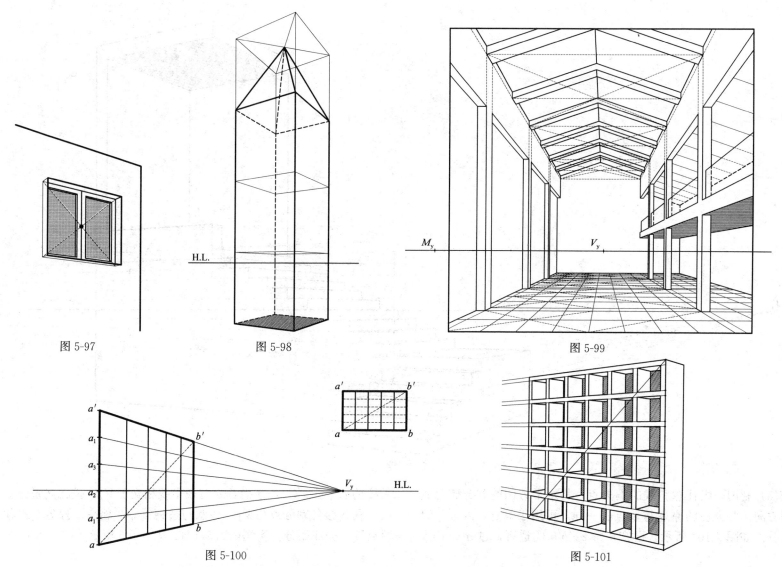

图 5-97

图 5-98

图 5-99

图 5-100

图 5-101

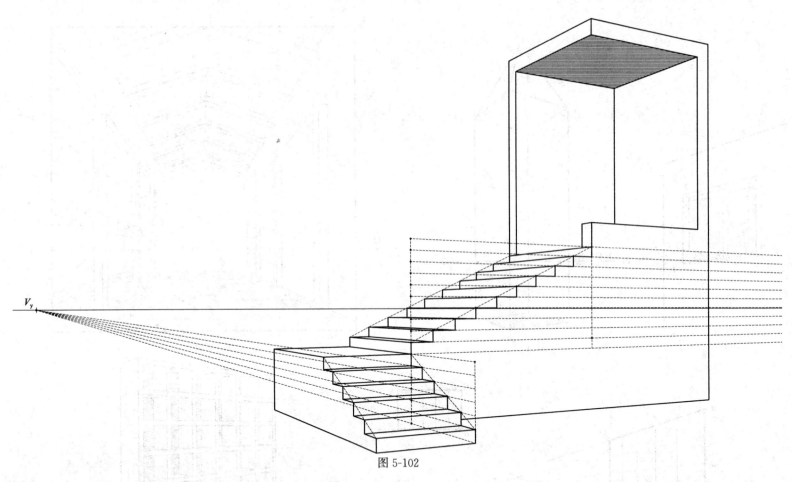

图 5-102

（3）利用一组任意斜线的消失点，将水平方向的划分转化到纵深方向。此方法的原理与量点法一样，可用于等量，或非等量的划分。如图 5-103 所示，已知矩形 $aa'b'b$ 的透视，过 $a'$ 作任意长度的水平线 $a'C_5$，连接 $C_5b'$ 与视平线相交于 $V_1$；按比例划分 $a'$ $C_5$，再连接各划分点与 $V_1$，分别与透视线 $a'b'$ 相交，过各交点作垂直线，完成划分。实例如图 5-104、图 5-105 所示。

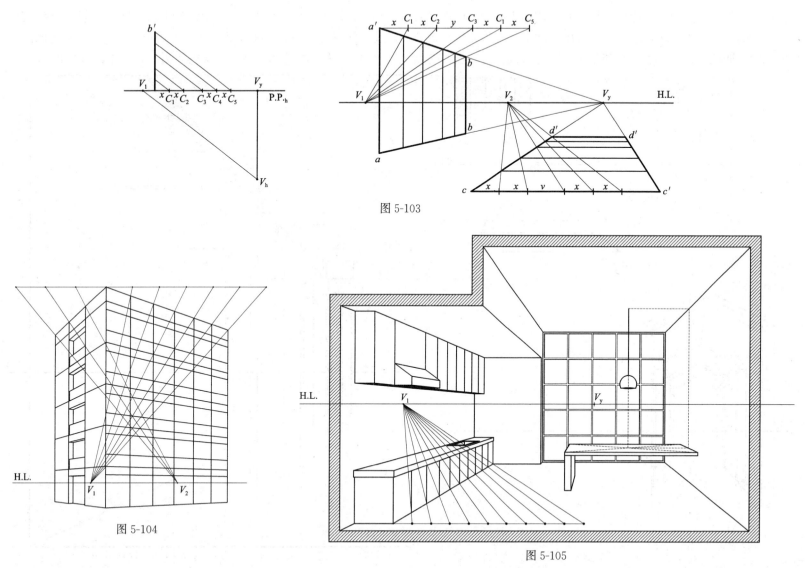

图 5-103

图 5-104

图 5-105

（4）已知第一个矩形的透视，利用对角线和中心线，可作出第二、三、四……个等大的矩形。此方法用于画出一个单元后，将其重复延伸。如图 5-106 所示，已知矩形 $aa_1b_1b$ 的透视，取 $ab$ 中点 $m$，连接 $mV_y$ 与 $a_1b_1$ 相交于 $m_1$，连接 $am_1$ 与 $bb_1$ 延长线相交于 $b_2$，过 $b_2$ 作垂直线 $b_2a_2$，则得第二个等大矩形 $a_1b_1b_2a_2$。重复此法，可得到一系列等大矩形的透视。实例如图 5-107、图 5-108 所示。

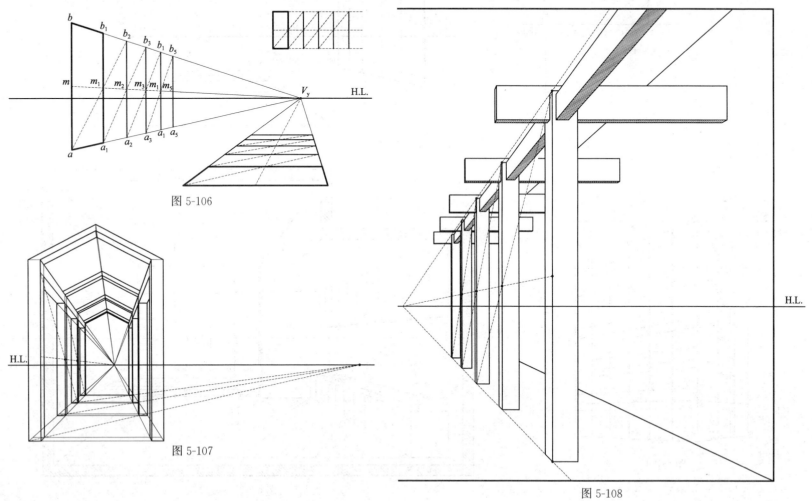

图 5-106

图 5-107

图 5-108

## 6) 镜面虚像

水边的建筑物在水中的倒影，事实上是以水面为镜面所产生的虚像。如图 5-109 所示，水面是个反光面，过 $A$ 点的光线在水面的 $M_a$ 点发生反射，进入人眼 $E$，相当于从与水面距离相等的 $A'$ 点发出的光线。$A'$ 就是 $A$ 点的虚像。因此求虚像的透视就是求：在与镜面等距的位置上，一个反转的建筑物的透视（图 5-110）。同样，垂直的镜面或玻璃面等反光面也可以形成虚像（图 5-111）。

求镜面虚像的关键是找到建筑物上各点所在的垂直线与镜面的交点，从而作出与该点等距的虚像。

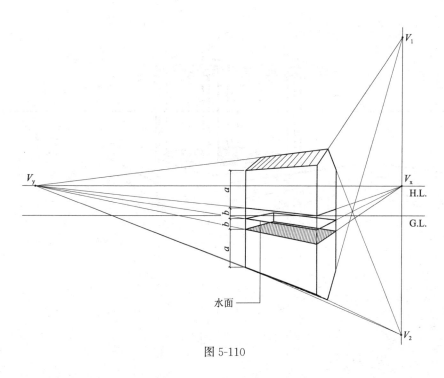

图 5-109

图 5-110

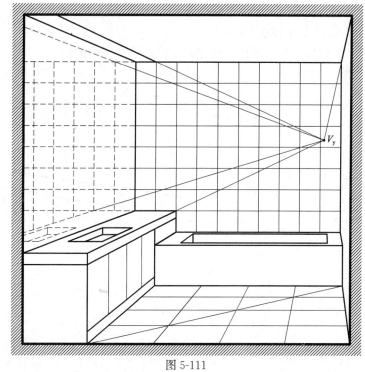

图 5-111

189

【例题 5-10】已知岸边亭子的透视（图 5-112）。求它在水面的倒影。

作图步骤：

（1）岸边有水面与河岸的交线，以此为依据可作出河岸的倒影。

（2）连接 $aV_y$ 并延长与河岸相交于 $f$，过 $f$ 作垂直线与水面相交于 $g$，连接 $gV_y$，该线为垂直面 $abc$ 与水面的交线。

（3）分别过 $a$、$b$、$c$ 三点作垂直线，与 $gV_y$ 相交于 $m$、$n$，作 $a'm=am$，$b'm=bm$，$c'n=cn$。$a'$、$b'$、$c'$ 即为 $a$、$b$、$c$ 在水面的虚像。

（4）同理可求出所有点的虚像，得亭子的倒影（图 5-113）。

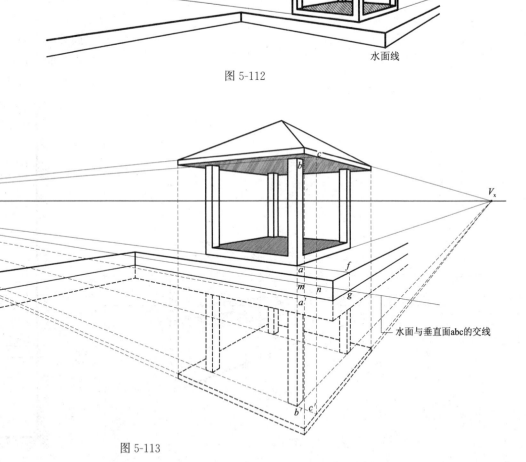

图 5-112

图 5-113

# 第6章　阴　　影

阴影研究

　　有光线的地方就有阴影。建筑物受到阳光的照射，在地面上或其他建筑物上落下阴影。由于太阳与地球的距离是如此遥远，阳光可以看成是平行光线。本章将讨论平行光线所产生的阴影，以及如何在建筑图、轴测图和透视图中绘制阴影。

## 6.1　基本原理

### 1）光与影

阴影是由于光线被物体遮挡所产生的，产生阴影的三个要素是：光线、物体、承影面。

太阳每时每刻都在改变位置，阴影也随着发生变化。对于某一地点，某一时刻来说，确定太阳的位置，也即光线的角度有两个参数，一是太阳高度角，二是太阳方位角（图6-1）。

- 太阳高度角是太阳光 $L$ 与地平面的夹角（$\alpha$）。
- 太阳方位角是光线的水平投影 $L_h$ 与正北方向的夹角（$\gamma$）。

建筑物坐落在地面上也是有方位的，因此光线的水平投影 $L_h$ 与建筑物的角度关系决定了建筑物的受光面和背光面，而太阳高度角会决定影子的面积和形状。我们都有早晚的影子长、中午的影子短这样的生活经验，这就是因为早晚的太阳高度角小，而中午的太阳高度角大（接近直角）的缘故。

通常在图面上使用光线 $L$ 和光线水平投影 $L_h$ 的方向来确定空间中光线的角度。

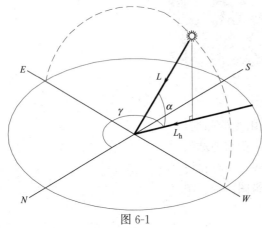

图 6-1

### 2）落影原理

阴影的产生是由于物体阻挡了光线的继续前进，也可以说，若没有物体的存在，光线可以到达承影面上产生阴影的位置——光线与承影面相交于此。因此，点 $A$ 在承影面上的阴影 $a$ 是经过点 $A$ 的光线 $L$ 与承影面的交点（图6-2）。

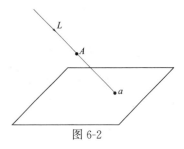

图 6-2

- 垂直线在水平地面上的阴影：直线 $AB$ 与地面垂直，过直线 $AB$ 的光线所形成的光面，即直线 $AB$ 与光线 $L$ 所决定的平面 $\beta$，与地面的交线 $Ba$ 就是直线 $AB$ 的阴影。因为 $AB$ 是垂直线，所以 $\beta$ 是垂直面，所以阴影 $Ba$ 就在光线 $L$ 的水平投影 $L_h$ 上（图6-3）。

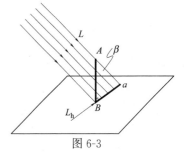

图 6-3

- 水平线在水平地面上的阴影：直线 $AB$ 与地面平行，过直线 $AB$ 的光线所形成的光面，即直线 $AB$ 与光线 $L$ 所决定的平面 $\beta$，与地面的交线 $ab$ 就是直线 $AB$ 的阴影。因为 $AB$ 平行于地面，所以阴影 $ab$ 平行于原直线 $AB$（图6-4）。

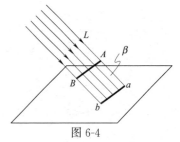

图 6-4

## 6.2 轴测图中的阴影

在轴测图中，空间中相互平行的直线仍相互平行。因此，光线和其水平投影在图中也是各自相互平行的两组直线。在图 6-5 中，四棱柱的阴影，说明了不同的光线角度所产生的阴影变化。可以根据画面的需要选择合适的光线方向。

对于几何形体来说，确定其阴影就是确定其阴影的轮廓线，实质上是确定它的明暗交界线的阴影，也就是确定明暗交界线上一系列点和线的阴影。以立方体的正等测图为例（图 6-6）：

（1）设定光线的方向：先设定 $L_h$ 的方向，此方向的确定就决定了轴测图中立方体的左侧垂直面受光，右侧垂直面背光；再设定 $L$ 的方向，此方向的确定决定了影子的长度。

（2）分析明暗交界线，由于顶面和左侧两个垂直面受光，明暗交界线应由 $EA$-$AB$-$BC$-$CG$ 组成。

（3）根据落影规律，垂直线 $AE$ 在水平地面上的阴影应平行于光线的水平投影 $L_h$。过 $E$ 点作直线平行于 $L_h$，过 $A$ 点作直线平行于光线 $L$，两直线相交于点 $a$，$Ea$ 为 $AE$ 的阴影。

（4）根据落影的规律，水平线 $AB$ 在水平地面上的阴影应平行于 $AB$。过 $a$ 点作直线平行于 $AB$，过 $B$ 点作直线平行于光线 $L$，两直线相交于点 $b$，$ab$ 为 $AB$ 的阴影。$b$ 点也可以通过求垂直线 $BF$ 的阴影求得。

（5）同理，可求得水平线 $BC$ 和垂直线 $CG$ 的阴影，从而得到立方体的阴影轮廓线 $EabcG$。

（6）加粗阴影轮廓线的可见部分，分别将立方体的暗部和阴影的可见部分涂成深色。

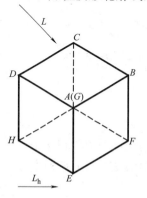
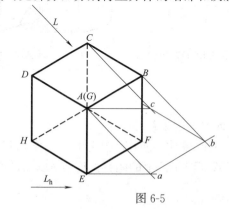
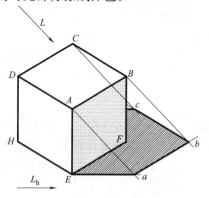

图 6-5

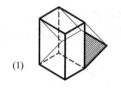
(1)

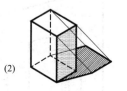
(2)

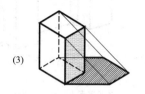
(3)

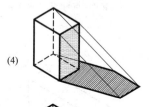
(4)

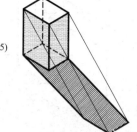
(5)

图 6-6

当承影面是垂直面时，垂直线落在它上面的阴影与原直线平行，也是垂直线；与承影面平行的水平线，阴影与原直线平行；

与承影面不平行的水平线，需求出它的两个端点，连接而成（图6-7、图6-8）。

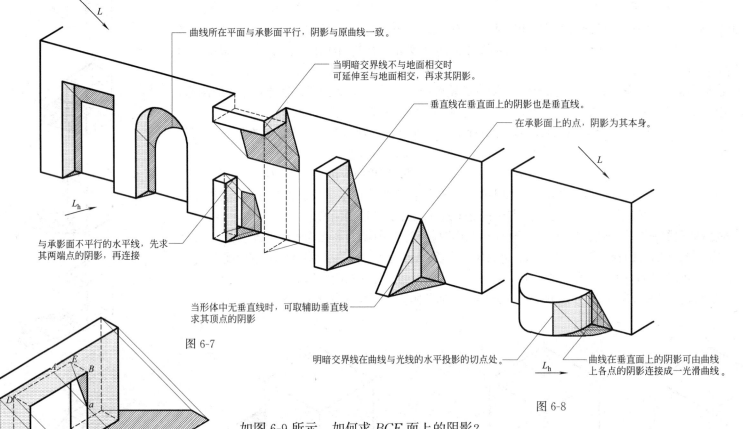

曲线所在平面与承影面平行，阴影与原曲线一致。

当明暗交界线不与地面相交时可延伸至与地面相交，再求其阴影。

垂直线在垂直面上的阴影也是垂直线。

在承影面上的点，阴影为其本身。

与承影面不平行的水平线，先求其两端点的阴影，再连接

当形体中无垂直线时，可取辅助垂直线求其顶点的阴影

明暗交界线在曲线与光线的水平投影的切点处。

曲线在垂直面上的阴影可由曲线上各点的阴影连接成一光滑曲线。

图 6-7

图 6-8

图 6-9

如图 6-9 所示，如何求 $BCE$ 面上的阴影？

先求出形体在地面上的阴影，$DE$ 与 $BC$ 的阴影相交于 $a'$。作到 $a'$ 的光线与 $BC$ 相交于 $a$，与 $DE$ 相交于 $A$；则 $a$ 即是点 $A$ 落在 $BC$ 上的阴影。连接 $aE$，$aE$ 即为 $DE$ 在 $BCE$ 面上的阴影。

当承影面为斜面时，垂直线在斜面上的阴影：

先画出过垂直线的光面与斜面的交线，再画出过顶点的光线，找到交点。

当承影面为斜面时，水平线在斜面上的阴影：

与斜面平行的水平线，其阴影也与原直线平行；

与斜面不平行的水平线，其阴影需求出它两个端点的阴影，连接而成。

**【例题 6-1】** 如图 6-10 所示，求立方体在楔形体的斜面上落下的阴影。

作图步骤：

（1）过垂直线 $AE$ 的底点 $E$ 作 $Ea_0 // L_h$，交 $PJ$ 于 $a_0$；延长交 $LJ$ 于 $a_1$，过 $a_1$ 作垂直线 $a_1a_2$，交 $KJ$ 于 $a_2$，连接 $a_0a_2$，此为过 $AE$ 的光面与斜面之交线。

（2）过 $A$ 点作光线，与 $a_0a_2$ 相交于 $a$，$Ea_0a$ 就是 $AE$ 的阴影。

（3）过垂直线 $BF$ 的底点 $F$ 作 $Fb_0 // Lh$，交 $PJ$ 于 $b_0$，过 $b_0$ 作 $b_0b // a_0a_2$。

（4）过 $B$ 点作光线，与 $b_0b$ 相交于 $b$，$Fb_0b$ 就是 $BF$ 的阴影。

（5）重复此法，得 $Gc_0c$；连接 $ab$，$bc$；得阴影轮廓线 $Ea_0$ $abcc_0G$。

**【例题 6-2】** 如图 6-11 所示，求阴影。

作图步骤：

（1）延伸垂线 $AB$ 与楔形体底平面 $DEGJ$ 交于点 $B_0$。

（2）过 $B_0$ 作直线平行于 $L_h$，与 $GE$ 相交于 $a_0$；过 $a_0$ 作垂直线 $a_0a_1$，与 $EF$ 相交于 $a_1$；连接 $Ba_1$，四边形 $BB_0a_0a_1$ 即为过垂线 $AB$ 的光面；它与斜面的交线为 $Ba_1$。

（3）过 $A$ 点作光线，与 $Ba_1$ 相交于 $a$，$Ba$ 为 $AB$ 在斜面上的阴影。

（4）连接 $Ca$，即为 $AC$ 的阴影。

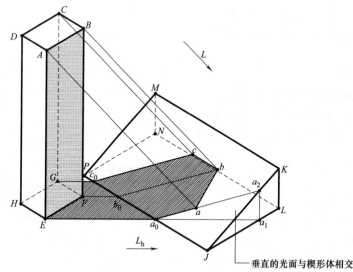

└─ 垂直的光面与楔形体相交　　　图 6-10

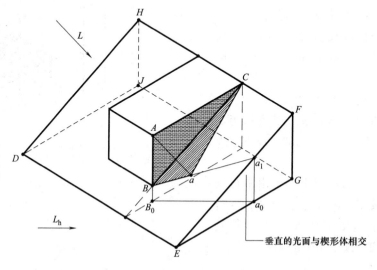

└─ 垂直的光面与楔形体相交　　　图 6-11

**【例题 6-3】** 已知踏步的轴测图，光线方向如图 6-12 所示，求其阴影。

作图步骤：

（1）作踏步落在地面上的阴影。

（2）过 $F$ 作 $Fa_0$//$L_h$，过 $a_0$ 作垂线 $a_1a_0$，过 $a_1$ 作直线//$L_h$，过 $A$ 作光线与其相交于 $a$；$Fa_0a_1a$ 是 $AF$ 的阴影。

（3）过 $a$ 作 $aa_2$//$AE$。

（4）过 $G$ 作垂线交 $AE$ 于 $B$；过 $G$ 作直线//$L_h$，过 $B$ 作光线与之相交于 $b$；过 $b$ 作 $bb_2$//$AE$，连接 $b_2a_2$。

（5）过 $H$ 作垂线交 $AE$ 于 $C$；过 $H$ 作直线//$L_h$，过 $C$ 作光线与之相交于 $c$；过 $c$ 作 $cc_2$//$AE$，连接 $c_2b_1$。

（6）过 $J$ 作垂线交 $AE$ 于 $D$；过 $J$ 作直线//$L_h$，过 $D$ 作光线与之相交于 $d$；过 $d$ 作 $dd_1$//$AE$，连接 $d_1c_1$。

（5）、（6）两步也可由平行关系，直接作 $b_1c_2$//$b_2a_2$；$c_2c_1$//$AE$；$c_1d_1$//$b_2a_2$，$d_1d_2$//$AE$，从而得到栏板在踏步面上留下的阴影。

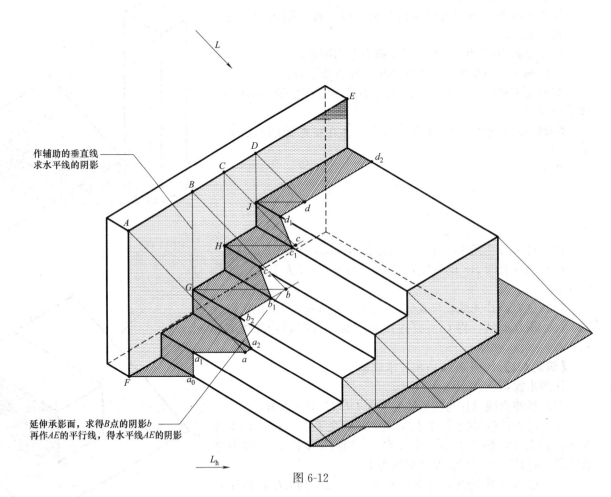

作辅助的垂直线
求水平线的阴影

延伸承影面，求得B点的阴影b
再作AE的平行线，得水平线AE的阴影

图 6-12

【**例题 6-4**】已知光线与建筑形体的轴测图，求其阴影（图 6-13）。

对于复杂的建筑形体，可先将其分解为简单的体块，分别求出各体块的阴影，再根据阴影的叠加，得出完整的阴影。

作图步骤：

（1）求建筑物在地面上的落影

过 $F_0$ 作直线平行于 $L_h$，过 $F$、$F'$ 作光线与之相交于 $f$、$f'$；过 $f$ 作 $fh//FH$，过 $H$ 作光线与之相交于 $h$；过 $h$ 作 $HR$ 的平行线交建筑物于 $S$。过 $f'$ 作直线平行于 $F'G'$，过 $J_0$ 作直线平行于 $L_h$，两直线相交于 $q'$。$J_0q'f'fhs$ 为建筑物在地面上的落影。

（2）求檐口在墙面上的落影

$q'$ 是檐口阴影和墙面阴影的交点。过 $q'$ 反向作光线，与墙面交于 $q$，与檐口底边交于 $Q$，则 $Q$ 点的阴影先落于墙角 $q$，再与 $q$ 点的阴影一起落于地面 $q'$。过 $q$ 作直线平行于 $F'G'$。

过 $G_0$ 作直线平行于 $L_h$，与 $J_0V_0$ 交于点 $K$，过点 $K$ 作垂直线，与过 $G'$ 的光线相交于 $g$，点 $g$ 应在过点 $q$ 平行于 $F'G'$ 的直线上。延伸 $J_0V_0$ 与 $G_0X$ 交于 $W_0$，过 $W_0$ 作垂线与檐口底边交于 $W$，连接 $gW$，与墙角交于 $w$。

（3）求烟囱落于屋面和墙面的阴影

过 $A'$ 作直线平行于 $L_h$，与 $F_0G_0$ 相交于 $a_3$，与 $J_0V_0$ 相交于 $a_0$。过 $a_0$ 作垂直线与 $qg$ 相交于 $a_1'$；过 $a_3$ 作垂直线与 $FG$、$F'G'$ 相交于 $a_2$，$a_1$。

过 $E$ 作直线平行于 $L_h$，与 $N'M'$ 相交于 $e_1$；过 $e_1$ 作垂直线，与 $MN$ 相交于 $e_2$，连接 $Ee_2$，过 $E'$ 作光线与 $Ee_2$ 相交于 $e'$；过 $D'$ 作直线平行于 $Ee_2$，过 $D$ 作光线，两线相交于 $d$；连接 $de'$，过 $A$ 作光线与 $de'$ 的延长线相交于 $a$，连接 $aa_2$；过 $d$ 作 $DC$ 的平行线，与建筑形体相交于 $t$。

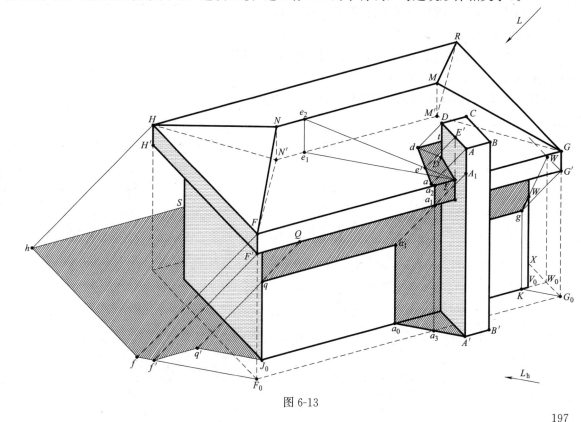

图 6-13

197

## 6.3 透视图中的阴影

已知光线 $L$ 与地面的夹角（太阳高度角），和 $L_h$ 与画面的夹角（图 6-14），可以求出消失点 $V_L$ 和 $V_{Lh}$：

（1）因 $L_h$ 是水平线，所以消失点 $V_{Lh}$ 在视平线 H.L. 上。在 $H$ 投影上，过 $E_h$ 作平行于 $L_h$ 的直线，与 P.P.$_h$ 交于 $V_{Lhh}$，自 $V_{Lhh}$ 引垂直投影连线到 H.L.，可得交点 $V_{Lh}$。

（2）由于 $L$ 和 $L_h$ 所组成的平面为垂直面，所以 $V_L$ 和 $V_{Lh}$ 在同一垂直线上。

（3）根据斜线的消失点作法，可以先作出 $M_{Lh}$，再利用太阳高度角 $\alpha$，作出 $V_L$。（图 6-15）

这样，对于任意方向的光线，我们都可以在画面上求出 $V_L$、和 $V_{Lh}$ 的位置。

在透视图中，阳光角度与阴影的形状与轴测图中的情况类似。由于与画面不平行的直线透视消失于一点，假设光线由画面之前射向画面，那么光线与画面不平行，在画面上，$L$ 和 $L_h$ 透视消失于消失点 $V_L$ 和 $V_{Lh}$。

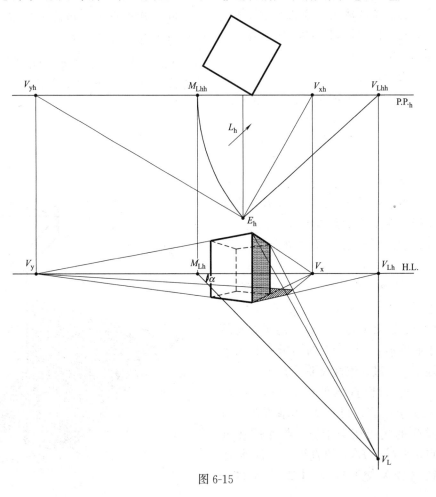

图 6-15

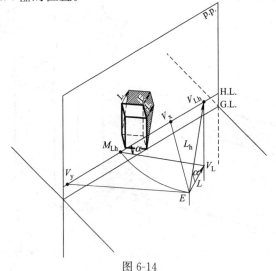

图 6-14

图 6-16～图 6-20 表达了在同一个透视图上，设定不同方向的光线，所得到的阴影效果不同。都取太阳高度角（光线 $L$ 与地面的夹角）为 $30°$，$L_h$ 与建筑物的夹角不同，观察光线消失点的位置与物体阴影效果之间的关系。

光线从画面之前射向画面时，阴影落在物体之后，称为正光，在画面上 $V_L$ 在 $V_{Lh}$ 的下方。根据 $L_h$ 方向与建筑物的角度不同可分为正光 1 和正光 2。

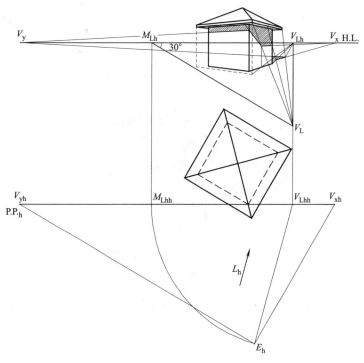

图 6-16

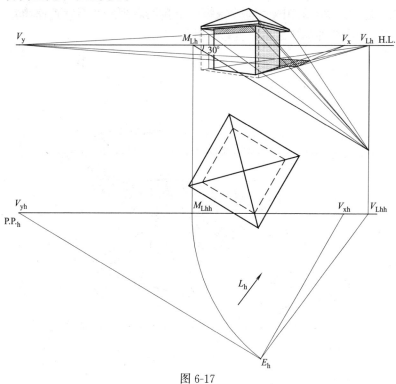

图 6-17

正光 1：当 $L_h$ 方向如图 6-16 所示，则 $V_{Lh}$ 在 $V_x$ 和 $V_y$ 之间，观察平面投影，可以发现此时的阳光方向令透视图上我们看到的两个垂直墙面都受光，在地面上留下的阴影面积很小；上部的水平檐口在两个垂直墙面上都留下了阴影。

正光 2：当 $L_h$ 方向如图 6-17 所示，则 $V_{Lh}$ 在 $V_x$ 和 $V_y$ 之外，观察平面投影，可以发现此时的阳光方向令透视图上我们看到的两个垂直墙面，一个受光，一个背光，在地面上留下的阴影面积稍大；上部的水平檐口在受光的垂直墙面上留下阴影。背光的垂直墙面与水平檐口的底面一样属于暗部。

199

光线从画面的后方射向画面时，阴影落在物体的前方，称为逆光。在画面上，$V_L$ 在 $V_{Lh}$ 的上方。

逆光 1：当 $L_h$ 方向如图 6-18 所示，则 $V_{Lh}$ 在两消失点 $V_x$ 和 $V_y$ 之间，此时的阳光方向令透视图上我们看到的两个垂直面均背光，阴影落在物体之前，且影子很长。

逆光 2：当 $L_h$ 方向如图 6-19 所示，则 $V_{Lh}$ 在两消失点 $V_x$ 和 $V_y$ 之外，此时的阳光方向令透视图上我们看到的两个垂直面一个受光，一个背光，阴影落在建筑物前方；上部的水平檐口在受光的垂直墙面上留下阴影。背光的垂直墙面与水平檐口的底面一样属于暗部。

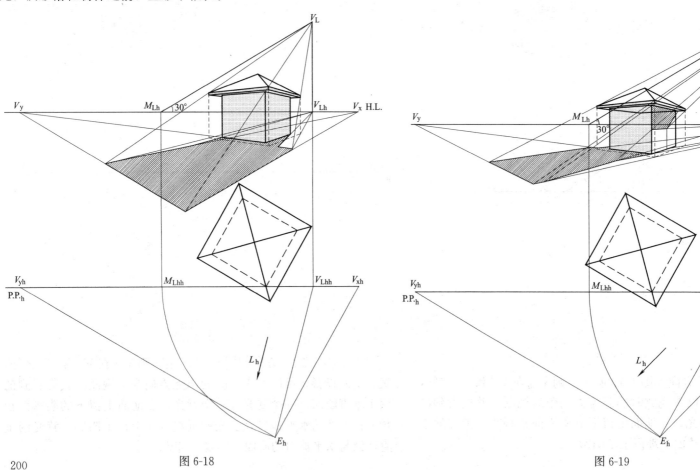

图 6-18

图 6-19

当光线与画面平行，从侧面射向建筑物时，光线 $L$ 和光线的水平投影 $L_h$ 均与画面平行，无消失点。因而可以在画面上，直接画出 $L$ 和 $L_h$ 的方向，称为侧光。这是一种特殊情况。

当 $L_h$ 方向如图 6-20 所示，观察平面投影，可以发现此时的阳光方向令透视图上我们看到的两个垂直面一个受光，一个背光，在地面上留下的阴影面积较大；上部的水平檐口在受光的垂直墙面上留下阴影。背光的垂直墙面与水平檐口的底面一样属于暗部。侧光的画面效果与正光 2 类似，但阴影的面积更大，地面上影子拉得更长。

综上所述，阳光、画面和建筑物之间不同的角度关系可以呈现 5 种不同的明暗光影效果，我们可以根据需要，从画面效果和作图方便两个角度来选择合适的光线方向进行作图。由于逆光的情况较少使用，而侧光的效果又与正光的第二种情况相似，所以下面我们将重点讨论正光的两种情况。

在实际作图中，我们不必知道确切的阳光高度角的数值，而可以根据画面上希望达到的光影效果，直接在透视图上设定和调整 $V_L$、$V_{Lh}$ 的位置（图 6-21）。

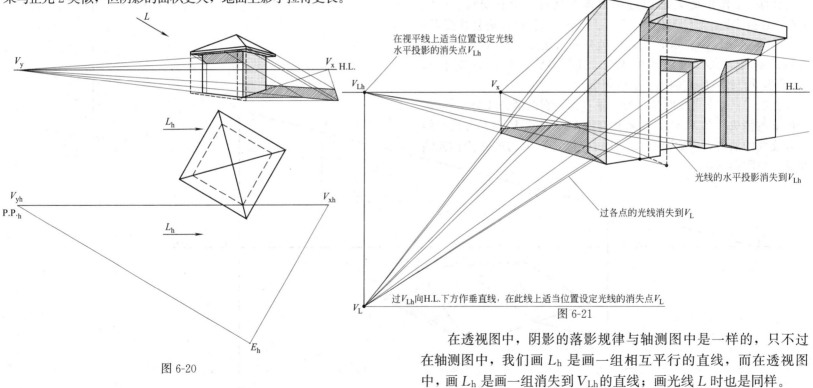

图 6-20

图 6-21

在透视图中，阴影的落影规律与轴测图中是一样的，只不过在轴测图中，我们画 $L_h$ 是画一组相互平行的直线，而在透视图中，画 $L_h$ 是画一组消失到 $V_{Lh}$ 的直线；画光线 $L$ 时也是同样。

201

- 当承影面是水平面时，垂直线落在它上面的阴影与 $L_h$ 平行。如图 6-22 中，垂直线 $AB$ 在地面上的阴影为 $Ba_0$，$Ba_0$ 平行于 $L_h$，即消失到消失点 $V_{Lh}$。

- 当承影面是垂直面时，垂直线落在它上面的阴影与原直线平行，仍是垂直线。如图 6-22 中，垂直线 $AB$ 在垂直墙面上的阴影为 $aa_0$，$aa_0$ 平行于 $AB$，仍是垂直线。

- 当承影面为斜面时，垂直线在斜面上的阴影在过垂直线的光面与斜面的交线上（图 6-23）。

作法一：作出此光面切过契形体的切面，得其交线。如图 6-23，连接 $BV_{Lh}$ 交 $CD$ 于 $a_0$，交 $GJ$ 于 $a_1$，过 $a_1$ 作垂直线交 $EF$ 于 $a_2$，连接 $a_0a_2$。三角形 $a_0a_1a_2$ 就是所求切面，$AB$ 的阴影就在交线 $a_0a_2$ 上。再作过 $A$ 点的光线，连接 $AV_2$，与 $a_0a_2$ 交于 $a$，$a_0a$ 即为垂直线 $AB$ 在斜面 $\alpha$ 上的阴影。

作法二：过垂直线的光面为一垂直面，它的消失线为 $V_LV_{Lh}$，斜面 $a$ 的消失线为 $V_yV_1$，两者相交于 $V_\alpha$，那么 $V_\alpha$ 就是光面与斜面 $a$ 交线的消失点。如图 6-23，也可连接 $a_0V_\alpha$，与过 $A$ 点的光线相交，得阴影 $a_0a$。

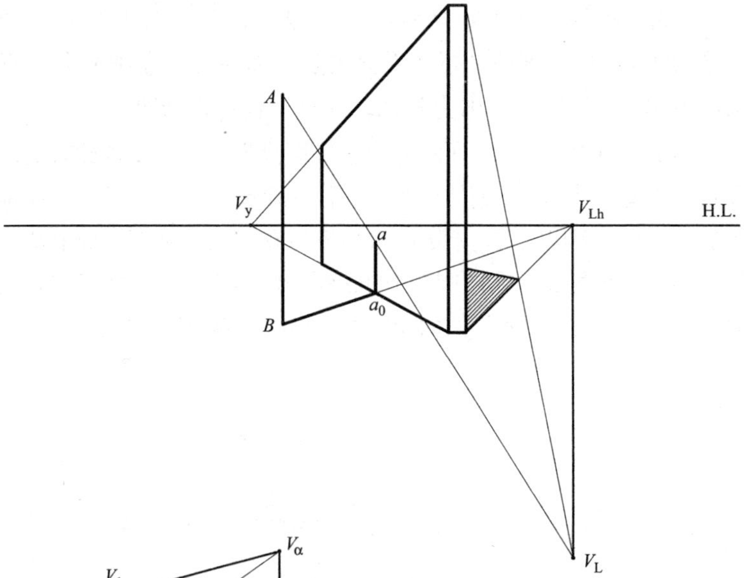

图 6-22

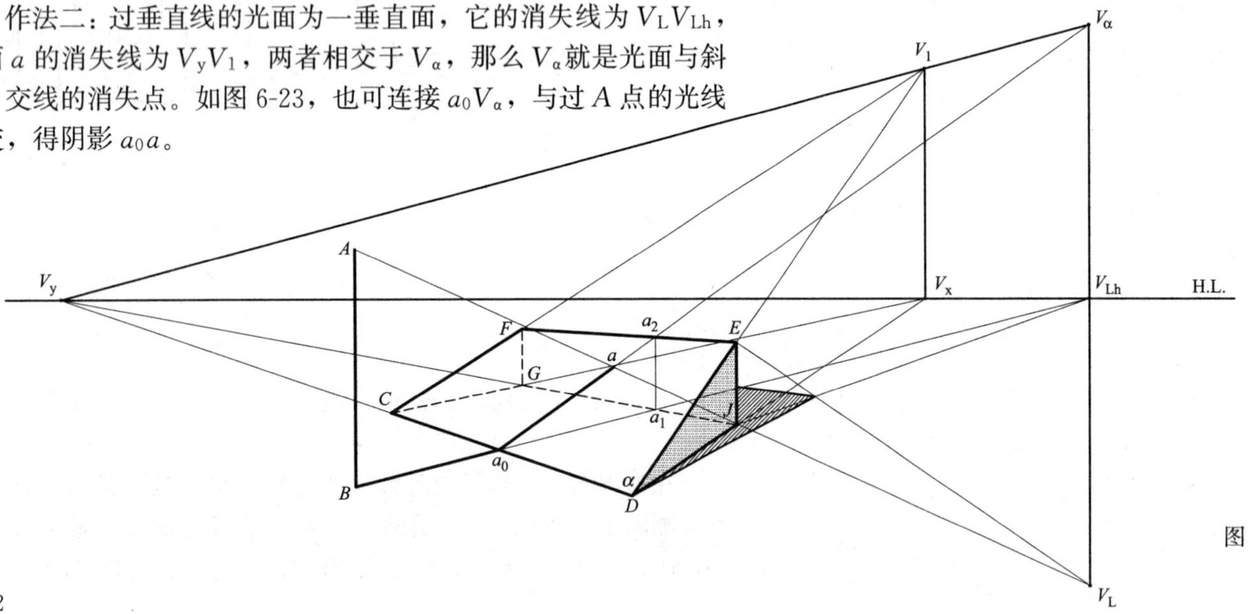

图 6-23

**【例题 6-5】**已知建筑形体的一点透视，和 $V_{Lh}$、$V_L$，求作阴影（图 6-24）。

分析光线方向，$V_L$ 在视平线下方，说明是正光。$V_{Lh}$ 在构筑物的右侧，说明左侧和正面的两个垂直墙面受光，右侧和后面的两个垂直墙面背光。

作图步骤：

（1）作中间门洞的阴影，明暗交界线为 $GE$、$EF$：

连接 $GV_{Lh}$，与大门垂直面相交于 $e_0$，过 $e_0$ 做垂直线，与 $EV_L$ 相交于 $e$，点 $e$ 就是点 $E$ 的阴影；过 $e$ 做直线平行于 $EF$，与大门垂直面交于 $H$，连接 $HF$。则 $Ge_0eHF$ 为阴影轮廓线。

（2）作左侧门洞的阴影，明暗交界线为 $AB$、$AC$：

连接 $BV_{Lh}$，与左门垂直面相交于 $a_0$，过 $a_0$ 做垂直线，与 $AV_L$ 相交于 $a$，点 $a$ 就是点 $A$ 的阴影；过 $a$ 做直线平行于 $AC$，与 $CR$ 相交于 $D$。则 $Ba_0aD$ 为阴影轮廓线。

（3）作右侧门洞的阴影，明暗交界线为 $LJ$、$JK$：

连接 $LV_{Lh}$，与右门垂直面相交于 $j_0$，过 $j_0$ 做垂直线，与 $JV_L$ 相交于 $j$，点 $j$ 就是点 $J$ 的阴影；过 $j$ 做直线平行于 $JK$，与右门垂直面交于 $P$，连接 $PK$。则 $Lj_0jPK$ 为阴影轮廓线。

总结：由于本题是一点透视，从中间门洞我们可以看到一个典型门洞阴影的完整形状。而左右两侧门洞的阴影看起来不同，是由于有遮挡，只能看到阴影的一部分，实际上三个门洞阴影的形状是类似的。从左至右门洞凹进深度越来越深，导致在门垂直面上留下的阴影面积越来越大。

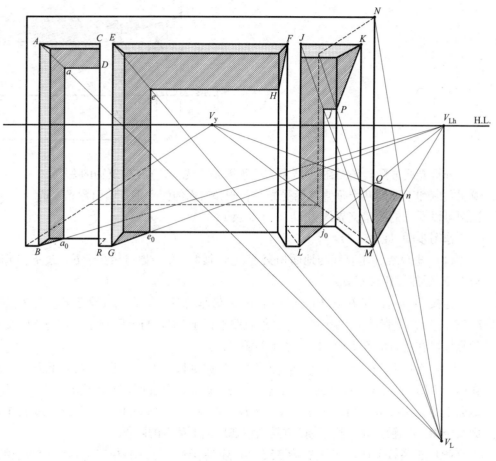

图 6-24

**【例题 6-6】** 已知建筑形体和 $V_{Lh}$、$V_L$，求作阴影（图 6-25）。

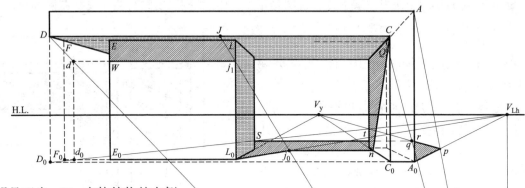

图 6-25

分析光线方向，$V_L$ 在视平线下方，说明是正光。$V_{Lh}$ 在构筑物的右侧，说明左侧和正面的两个垂直墙面受光，右侧和后面的两个垂直墙面背光。透视图可以看见的明暗交界线为 $DC$、$AA_0$ 及 $LL_0$。

作图步骤（图 6-25）：

（1）过 $D$ 点作垂直线与地面相交于 $D_0$；延伸 $LE$ 与檐口相交于 $F$，过 $F$ 点作垂直线与 $L_0E_0$ 延伸线相交于 $F_0$。

连接 $D_0V_{Lh}$，与 $L_0F_0$ 相交于 $d_0$，过 $d_0$ 做垂直线，与 $DV_L$ 相交于 $d$，点 $d$ 就是点 $D$ 在 $LEE_0L_0$ 所在垂直面上的阴影；过 $d$ 做直线平行于 $DC$，与 $EE_0$ 交于 $w$，与 $LL_0$ 交于 $j_1$。$wj_1$ 就是檐口在垂直墙面 $LEE_0L_0$ 上落下的阴影。

（2）连接 $L_0V_{Lh}$，与 $j_1V_L$ 相交于 $j_0$，反向延长 $j_1V_L$，与 $CD$ 相交于 $J$。$j_1$ 是檐口 $CD$ 上的一点 $J$ 在墙面 $LEE_0L_0$ 上落下的阴影，而这一点的阴影正好落在明暗交界线 $LL_0$ 上，而作为 $LL_0$ 上的一点，$j_1$ 会在地面上留下阴影 $j_0$，所以 $j_0$ 也是檐口 $CD$ 上的点 $J$ 在地面上留下的阴影。过 $j_0$ 作直线平行于 $CD$，与右侧墙面交于点 $n$，连接 $nC$。则 $j_0nC$ 就是檐口在地面上落下的阴影。

（3）连接 $A_0V_{Lh}$，与 $AV_L$ 相交于 $p$；连接 $pV_y$，与 $AA_0$ 相交于 $r$，与 $QV_L$ 相交于 $q$；过 $q$ 作平行于 $CD$ 的直线，与垂直墙面相交于 $s$、$t$。得建筑物在地面上的阴影。

**【例题 6-7】**已知建筑形体和 $V_{Lh}$、$V_L$，求作阴影（图 6-26）。

分析光线方向：

$V_L$ 在视平线下方，说明是正光。$V_{Lh}$ 在两个消失点之间，所以画面上两个垂直墙面均受光，檐口会在两个墙面上都留下阴影。明暗交界线为：$BA$、$AC$、$CD$、$FF_0$

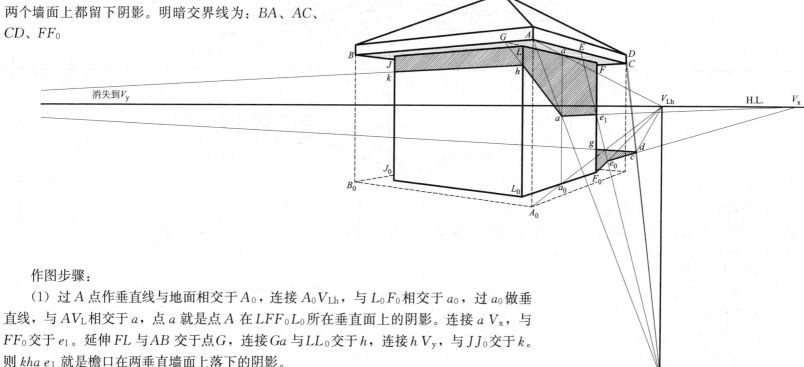

图 6-26

作图步骤：

（1）过 $A$ 点作垂直线与地面相交于 $A_0$，连接 $A_0V_{Lh}$，与 $L_0F_0$ 相交于 $a_0$，过 $a_0$ 做垂直线，与 $AV_L$ 相交于 $a$，点 $a$ 就是点 $A$ 在 $LFF_0L_0$ 所在垂直面上的阴影。连接 $aV_x$，与 $FF_0$ 交于 $e_1$。延伸 $FL$ 与 $AB$ 交于点 $G$，连接 $Ga$ 与 $LL_0$ 交于 $h$，连接 $hV_y$，与 $JJ_0$ 交于 $k$。则 $kha\,e_1$ 就是檐口在两垂直墙面上落下的阴影。

（2）连接 $F_0V_{Lh}$，与 $e_1V_L$ 相交于 $e_0$；连接 $e_0V_x$，与 $CV_L$ 交于 $c$。连接 $cV_{Lh}$，与 $DV_L$ 交于 $d$。连接 $dV_y$，与 $FF_0$ 交于 $g$。则 $F_0e_0cdg$ 就是建筑物在地面上落下的阴影。

**【例题 6-8】** 已知建筑形体和 $V_{Lh}$、$V_L$，求作阴影（图 6-27）。

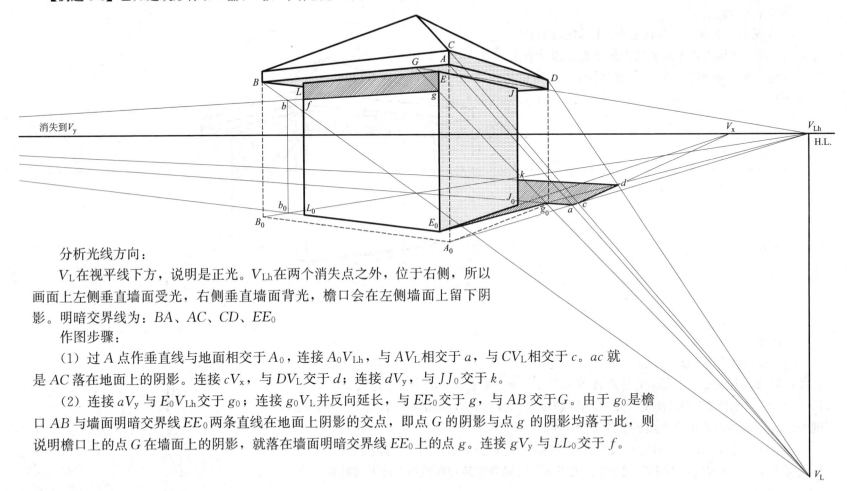

图 6-27

分析光线方向：

$V_L$ 在视平线下方，说明是正光。$V_{Lh}$ 在两个消失点之外，位于右侧，所以画面上左侧垂直墙面受光，右侧垂直墙面背光，檐口会在左侧墙面上留下阴影。明暗交界线为：$BA$、$AC$、$CD$、$EE_0$

作图步骤：

（1）过 $A$ 点作垂直线与地面相交于 $A_0$，连接 $A_0V_{Lh}$，与 $AV_L$ 相交于 $a$，与 $CV_L$ 相交于 $c$。$ac$ 就是 $AC$ 落在地面上的阴影。连接 $cV_x$，与 $DV_L$ 交于 $d$；连接 $dV_y$，与 $JJ_0$ 交于 $k$。

（2）连接 $aV_y$ 与 $E_0V_{Lh}$ 交于 $g_0$；连接 $g_0V_L$ 并反向延长，与 $EE_0$ 交于 $g$，与 $AB$ 交于 $G$。由于 $g_0$ 是檐口 $AB$ 与墙面明暗交界线 $EE_0$ 两条直线在地面上阴影的交点，即点 $G$ 的阴影与点 $g$ 的阴影均落于此，则说明檐口上的点 $G$ 在墙面上的阴影，就落在墙面明暗交界线 $EE_0$ 上的点 $g$。连接 $gV_y$ 与 $LL_0$ 交于 $f$。

【例题 6-9】已知建筑形体和 $L_h$、$L$ 的方向，求作阴影（图 6-28）。

分析光线方向：

给出 $L_h$、$L$ 的方向，说明是侧光。画面上左侧垂直墙面受光，右侧垂直墙面背光，檐口会在左侧墙面上留下阴影。明暗交界线为：$BA$、$AC$、$CD$、$EE_0$

作图步骤：

（1）过 $A$ 点作垂直线与地面相交于 $A_0$，过 $A_0$ 作直线平行于 $L_h$，与过点 $A$ 和点 $C$ 且平行于光线 $L$ 的直线分别相交于点 $a_0$ 和 $c_0$；过 $E_0$ 作直线平行于 $L_h$，与 $a_0V_x$ 相交于 $g_0$；连接 $c_0V_y$，与过点 $D$ 的光线相交于 $d_0$，连接 $d_0V_x$，与 $JJ_0$ 相交于 $k$。则 $E_0g_0$ $a_0c_0d_0k$ 就是建筑物落在地面上的阴影。

（2）过 $B$ 点作垂直线与地面相交于 $B_0$，过 $B_0$ 作直线平行于 $L_h$，与 $E_0L_0$ 相交于点 $b_0$，过点 $b_0$ 作垂直线，与过点 $B$ 的光线相交于 $b$；连接 $V_xb$ 并延长与 $EE_0$ 相交于 $g$；延伸 $EL$ 与檐口相交于 $F$。连接 $Fb$ 与 $LL_0$ 相交于 $e$。则 $ebg$ 就是建筑物在墙面上落下的阴影。

总结：这三道例题反映了水平挑檐在墙面上留下阴影的典型状态，综合起来可以使我们了解挑檐在墙面上的落影的基本形态和在透视图中的各种可能性。

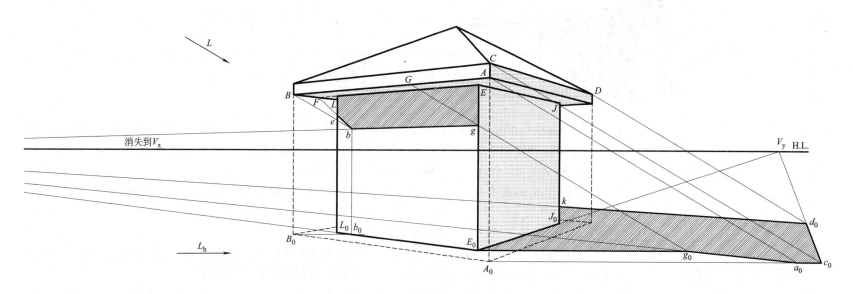

图 6-28

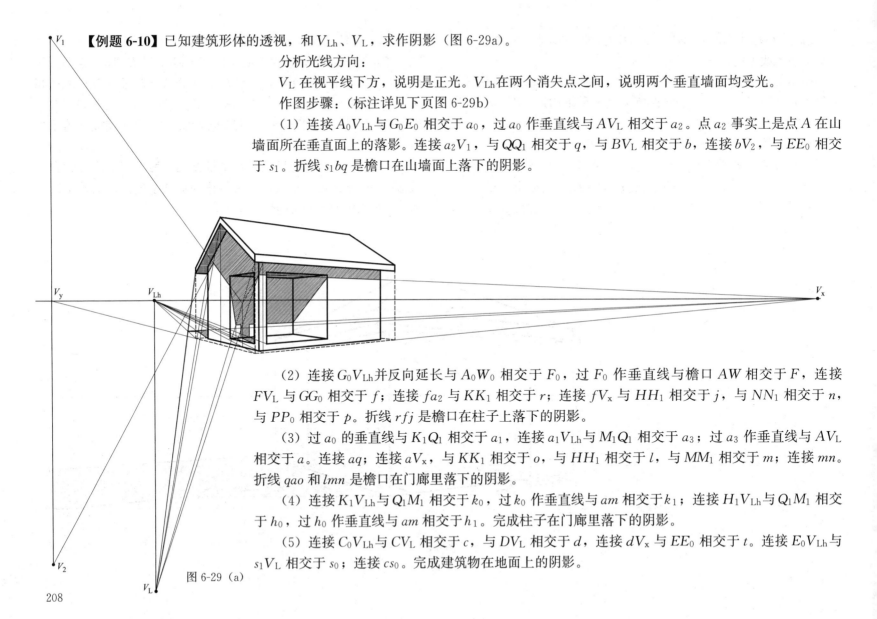

【例题 6-10】已知建筑形体的透视，和 $V_{Lh}$、$V_L$，求作阴影（图 6-29a）。

分析光线方向：

$V_L$ 在视平线下方，说明是正光。$V_{Lh}$ 在两个消失点之间，说明两个垂直墙面均受光。

作图步骤：（标注详见下页图 6-29b）

（1）连接 $A_0V_{Lh}$ 与 $G_0E_0$ 相交于 $a_0$，过 $a_0$ 作垂直线与 $AV_L$ 相交于 $a_2$。点 $a_2$ 事实上是点 $A$ 在山墙面所在垂直面上的落影。连接 $a_2V_1$，与 $QQ_1$ 相交于 $q$，与 $BV_L$ 相交于 $b$，连接 $bV_2$，与 $EE_0$ 相交于 $s_1$。折线 $s_1bq$ 是檐口在山墙面上落下的阴影。

（2）连接 $G_0V_{Lh}$ 并反向延长与 $A_0W_0$ 相交于 $F_0$，过 $F_0$ 作垂直线与檐口 $AW$ 相交于 $F$，连接 $FV_L$ 与 $GG_0$ 相交于 $f$；连接 $fa_2$ 与 $KK_1$ 相交于 $r$；连接 $fV_x$ 与 $HH_1$ 相交于 $j$，与 $NN_1$ 相交于 $n$，与 $PP_0$ 相交于 $p$。折线 $rfj$ 是檐口在柱子上落下的阴影。

（3）过 $a_0$ 的垂直线与 $K_1Q_1$ 相交于 $a_1$，连接 $a_1V_{Lh}$ 与 $M_1Q_1$ 相交于 $a_3$；过 $a_3$ 作垂直线与 $AV_L$ 相交于 $a$。连接 $aq$；连接 $aV_x$，与 $KK_1$ 相交于 $o$，与 $HH_1$ 相交于 $l$，与 $MM_1$ 相交于 $m$；连接 $mn$。折线 $qao$ 和 $lmn$ 是檐口在门廊里落下的阴影。

（4）连接 $K_1V_{Lh}$ 与 $Q_1M_1$ 相交于 $k_0$，过 $k_0$ 作垂直线与 $am$ 相交于 $k_1$；连接 $H_1V_{Lh}$ 与 $Q_1M_1$ 相交于 $h_0$，过 $h_0$ 作垂直线与 $am$ 相交于 $h_1$。完成柱子在门廊里落下的阴影。

（5）连接 $C_0V_{Lh}$ 与 $CV_L$ 相交于 $c$，与 $DV_L$ 相交于 $d$，连接 $dV_x$ 与 $EE_0$ 相交于 $t$。连接 $E_0V_{Lh}$ 与 $s_1V_L$ 相交于 $s_0$；连接 $cs_0$。完成建筑物在地面上的阴影。

图 6-29 （a）

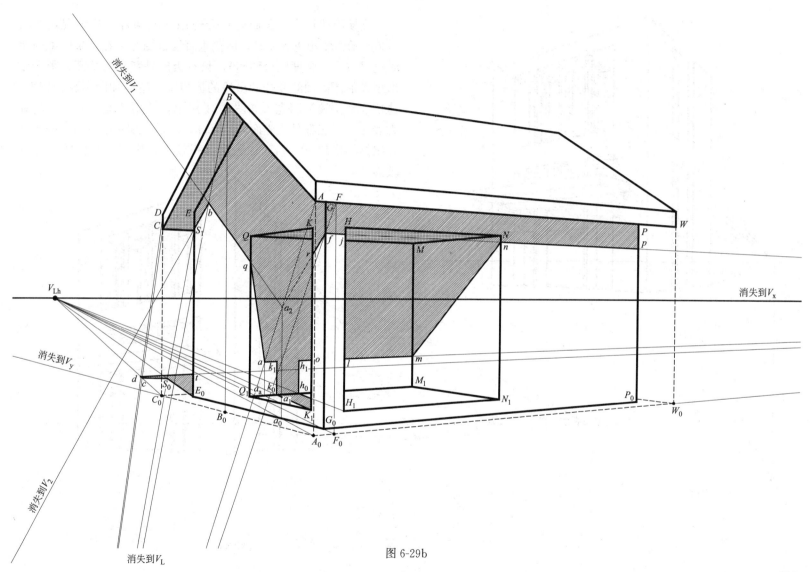

消失到$V_1$

消失到$V_x$

$V_{Lh}$

消失到$V_y$

消失到$V_2$

消失到$V_L$

图 6-29b

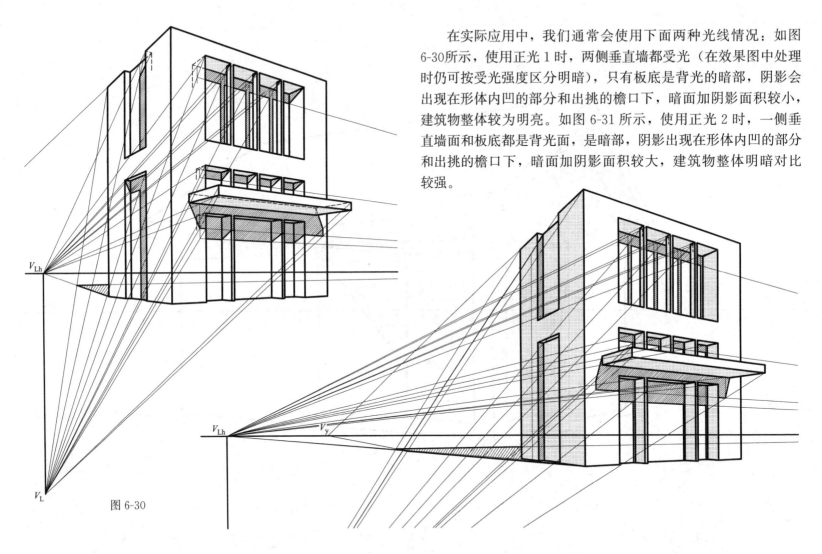

在实际应用中，我们通常会使用下面两种光线情况：如图6-30所示，使用正光1时，两侧垂直墙都受光（在效果图中处理时仍可按受光强度区分明暗），只有板底是背光的暗部，阴影会出现在形体内凹的部分和出挑的檐口下，暗面加阴影面积较小，建筑物整体较为明亮。如图 6-31 所示，使用正光 2 时，一侧垂直墙面和板底都是背光面，是暗部，阴影出现在形体内凹的部分和出挑的檐口下，暗面加阴影面积较大，建筑物整体明暗对比较强。

图 6-30

图 6-31

## 6.4 建筑图中的阴影

在建筑图中，一般采用标准光线来绘制阴影。

标准光线：所谓标准光线是沿立方体的对角线方向，从左上方或右上方照射下来的光线，它在三个投影面上的投影均与投影轴成45°角（图6-32）。

在建筑图上给定光线，就是给定光线在该投影面上的正投影，至少需要两个正投影才能确定光线的方向。

阴影画法：

以立方体为例，图6-33是建筑形体的轴测图和阴影。

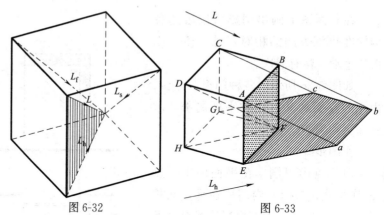

图6-32　　　　　　图6-33

立方体的平面、立面如图6-34所示，给定标准光线 $L$，即 $L_h$、$L_f$。作立方体在地面上的阴影：

在 $F$ 投影上，过 $A_f$ 作光线 $L_f$，与地面交于 $a_f$；过 $a_f$ 作投影连线到 $H$ 投影，与过 $A_h$ 的光线 $L_h$ 交于 $a_h$；作 $a_h b_h$ 平行于 $A_h B_h$，与过 $B_h$ 的光线 $L_h$ 交于 $b_h$；作 $b_h c_h$ 平行于 $B_h C_h$，与过 $C_h$ 的光线 $L_h$ 交于 $c_h$。$E_h a_h b_h c_h G_h$ 即为立方体在地面上的阴影。

若立方体后有一墙面，如图6-35所示，作立方体在地面和墙面上的阴影：

在 $F$ 投影上，过 $A_f$ 作光线 $L_f$，与地面交于 $a_f$；过 $a_f$ 作投影连线到 $H$ 投影，与过 $A_h$ 的光线 $L_h$ 交于 $a_h$；过 $a_h$ 作平行于 $A_h B_h$ 的直线与墙面相交。

在 $H$ 投影上，过 $B_h$ 作光线 $L_h$，与墙面交于 $b_h$；过 $b_h$ 作投影连线到 $F$ 投影，与过 $B_f$ 的光线 $L_f$ 交于 $b_f$；过 $b_f$ 作平行于 $B_f C_f$ 的直线。

在 $H$ 投影上，过 $C_h$ 作光线 $L_h$，与墙面相交。

得立方体在地面和墙面上的阴影。

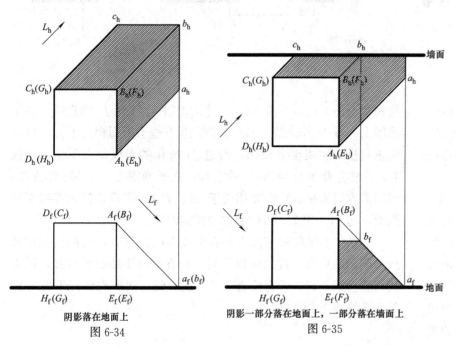

阴影落在地面上
图6-34

阴影一部分落在地面上，一部分落在墙面上
图6-35

在立面图上画出阴影可以表达各构件在纵深方向的相对尺寸，使立面表达生动，富有层次。

如图 6-36 所示，各种门窗、窗台、雨棚的立面和其对应的平面局部，求立面上的阴影。

作图步骤：

（1）矩形门洞：在平面图上，过 $A_h$ 作光线，与门洞内门所在垂直面相交于 $a_h$，自 $a_h$ 引垂直投影连线至立面图，与过 $A_f$ 所作的光线相交于 $a_f$，$a$ 点即为 $A$ 点在门洞内的阴影。过 $a_f$ 作平行线平行于门洞顶边和侧边，得门洞在洞口内的阴影。

（2）拱形门洞：$B$ 点和 $C$ 点的阴影求法同 $A$ 点。过 $b_f$ 作平行线平行于门洞的侧垂直边，并过 $b_f$ 作与门洞顶边相同的弧线。过 $C_f$ 作平行线平行于门洞线角的侧垂直边，并过 $C_f$ 作与门洞线角顶边相同的弧线，得门洞在洞口内的阴影和门洞线角在墙面上的阴影。

（3）窗洞与窗台：窗洞内阴影作法同前两门洞。在平面图上，过 $E_h$ 作光线，与垂直墙面相交于 $e_h$，自 $e_h$ 引垂直投影连线至立面图，与过 $E_f$、$F_f$ 所作的光线相交于 $e_f$、$f_f$。连接 $E_f e_f$。过 $f_f$ 作平行与 $F_f G_f$ 的直线与过 $G_f$ 的光线相交于 $g_f$。连接 $G_f g_f$。得窗台在墙面上的阴影。

（4）雨棚与门洞：在平面图上，过 $K_h$ 作光线，与垂直墙面相交于 $k_h$，自 $k_h$ 引垂直投影连线至立面图，与过 $K_f$、$N_f$ 所作的光

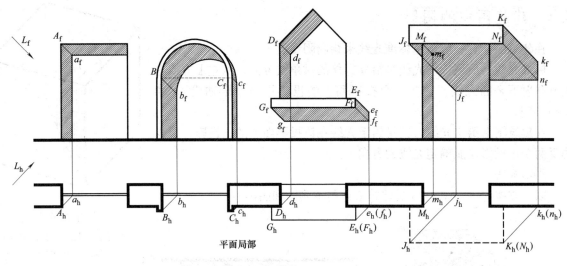

图 6-36

线相交于 $k_f$、$n_f$。连接 $K_f k_f$。过 $n_f$ 作平行与 $N_f J_f$ 的直线。在平面图上，过 $J_h$ 作光线，与门洞内门所在垂直墙面相交于 $j_h$，自 $j_h$ 引垂直投影连线至立面图，与过 $J_f$ 所作的光线相交于 $j_f$。连接 $J_f j_f$。过 $j_f$ 作平行与 $N_f J_f$ 的直线。在平面图上，过 $M_h$ 作光线，与门洞内门所在垂直墙面相交于 $m_h$，自 $m_h$ 引垂直投影连线至立面图，与 $J_f j_f$ 相交。得门洞和雨棚的阴影。

总结：上图展示了凹入垂直墙面和凸出垂直墙面的典型构件所落阴影的形态，我们可以看到，所有平行于墙面的直线，阴影均与原直线平行；所有垂直于墙面的直线，阴影均平行于 $L_f$，即与水平线成 45°方向。

212

图 6-37 是某建筑入口雨棚的阴影。

作图步骤：

在平面图上，过 $B_h$ 作光线，与柱前表面、墙面和门表面三个垂直面分别相交于 $b_{h1}$、$b_{h2}$、$b_{h3}$，自 $b_{h1}$、$b_{h2}$、$b_{h3}$ 分别引垂直投影连线至立面图，与过 $B_f$ 所作的光线相交于 $b_{f1}$、$b_{f2}$、$b_{f3}$，分别过 $b_{f1}$、$b_{f2}$、$b_{f3}$ 作 $C_fB_f$ 的平行线。由此得雨棚檐口 $C_fB_f$ 在柱前表面、墙面和门表面上的阴影。自 $b_{h2}$ 所引垂直投影连线与过 $A_f$ 所作的光线相交于 $a_f$，连接 $A_fa_f$。

在平面图上，过 $D_h$、$E_h$、$F_h$、$G_h$ 作光线，与墙面和门表面分别相交于 $d_h$、$e_h$、$f_h$、$g_h$，自 $d_h$、$e_h$、$f_h$、$g_h$ 分别引垂直投影连线至立面图，并作垂直线与雨棚上水平线的阴影分别相交。

在立面图上，分别过 $L_f$、$J_f$ 作光线，与地面相交于 $l_f$、$j_f$，过 $c_f$ 作光线，与柱边及柱阴影相交。

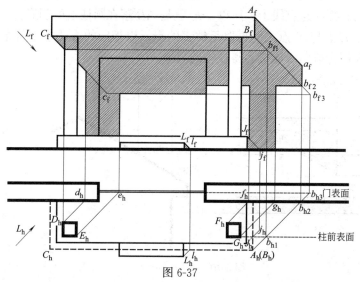

图 6-37

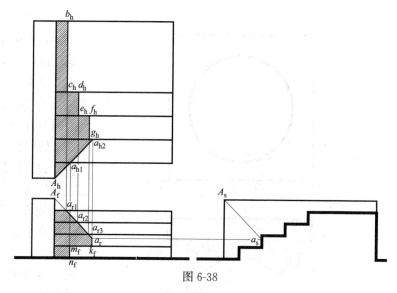

图 6-38

图 6-38 是某处踏步的平面和立面。

作图步骤：

在平面图上，过 $A_h$ 作光线，与第一级踏步垂直面相交于 $a_{h1}$，自 $a_{h1}$ 引垂直投影连线至立面图，得阴影 $m_fn_f$，与过 $A_f$ 所作光线的交点不在第一级踏步垂直面上，说明 $A$ 点的阴影没有落在此面上，应该落在更后面的踏步上。延伸 $A_ha_{h1}$ 与第二级踏步垂直面相交于 $a_{h2}$，自 $a_{h2}$ 引垂直投影连线至立面图，与过 $A_f$ 所作光线相交于 $a_f$，由于交点 $a_f$ 在第二级踏步垂直面内，说明点 $a_f$ 就是 $A$ 点落下的阴影。

连接 $A_fa_f$，与踏步水平面分别相交于 $a_{f1}$、$a_{f2}$、$a_{f3}$，自 $a_{f1}$、$a_{f2}$、$a_{f3}$ 分别引垂直投影连线至平面图，在踏步各水平面上得阴影 $b_hc_h$、$d_he_h$、$f_hg_h$。

为了确定 $A$ 点的阴影，也可作出踏步的剖面，过 $A_s$ 作 $L_s$ 与踏步的侧面交于 $a_s$，作投影连线到立面得 $a_f$。

213

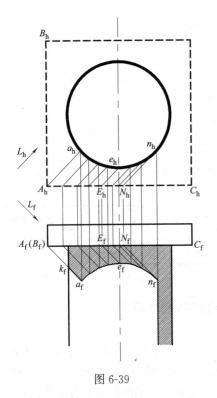

图 6-39

承影面是斜面的作图方法以坡屋面上烟囱的阴影为例（图 6-40）：

借助剖面，过 $A_s$、$B_s$ 作光线与屋面相交于 $a_s$、$b_s$，自 $a_s$、$b_s$ 引投影连线至立面，与过 $A_f$、$B_f$ 的光线交于 $a_f$、$b_f$。连接 $E_fa_f$，过 $b_f$ 作 $C_fB_f$ 平行线与过 $C_f$ 的光线交于 $c_f$，连接 $J_fc_f$。

观察作图结果，可以发现：立面图中，垂直线落在斜面上的阴影与斜面的侧面投影平行。

图 6-39 为圆柱，方形柱帽，承影面为圆柱。

直线在曲面上的阴影可能是曲线，可以求出柱帽上多个点的阴影，再用光滑曲线连接，其中注意关键点的阴影：

$N$ 点：在平面图中，作光线 $L_h$ 与圆柱相切，得切点 $n_h$，并与 $A_hC_h$ 相交于 $N_h$。自 $N_h$ 引垂直投影连线至立面图与 $A_fC_f$ 交于 $N_f$，自 $n_h$ 引垂直投影连线至立面图与过 $N_f$ 的光线交于 $n_f$，过 $n_f$ 的垂直线即是圆柱的明暗交界线。点 $n$ 是点 $N$ 落下的阴影。柱帽上水平线 $AC$ 在点 $N$ 左侧的部分阴影落在柱身上，点 $N$ 右侧的部分会与柱身的阴影一起落到更后面的承影面上（地面或后侧墙面）。

$E$ 点：在平面图中，过中轴线与圆的交点 $e_h$ 作光线，至柱帽外边交 $A_hC_h$ 于 $E_h$，则 $E$ 点的阴影必落在过 $e$ 点的垂直线上；自 $e_h$ 引投影连线至立面与过 $E_f$ 的光线相交于 $e_f$。$e_f$ 是阴影所在曲线的最高点，也是反弯点。

$A$ 点：凡垂直于 $F$ 投影面的直线，如柱帽上的直线 $AB$，在立面图上积聚为一点。过 $AB$ 的光面的 $F$ 投影就积聚为一直线 $A_fa_f$，所以无论承影面是什么位置的平面或是曲面，其阴影都在这直线上。所以 $a_fk_f$ 就是 $AB$ 落在圆柱上的阴影。

在柱帽的 $A$ 点、$E$ 点与 $N$ 点之间再取足够多的点，以相同的方法求出每个点在柱身上的阴影，并用光滑曲线连接，得柱帽的阴影。

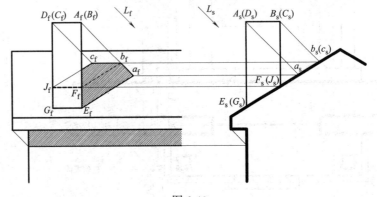

图 6-40

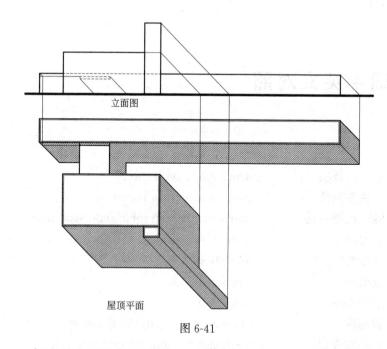

立面图

屋顶平面

图 6-41

在屋顶平面图中添加阴影，可以反映出建筑物的相对高度。越高的体块在地面上留下的阴影越长，高的体块也可能会在低的体块上留下阴影，所以建筑师经常在总平面图中使用绘制了阴影的屋顶平面来反映建筑物的高度关系。

可以利用立面图来帮助确定阴影落下的位置（图 6-41）。

在立面图中添加阴影可以反映出画面深度方向上的体块关系。窗洞内凹越深，留下的阴影越长；同样突出墙面越多的构件，留下的阴影也越长。因此通过绘制阴影可以增加立面图的立体感，使画面生动。

可以利用各层平面图来帮助确定阴影落下的位置（图 6-42）。

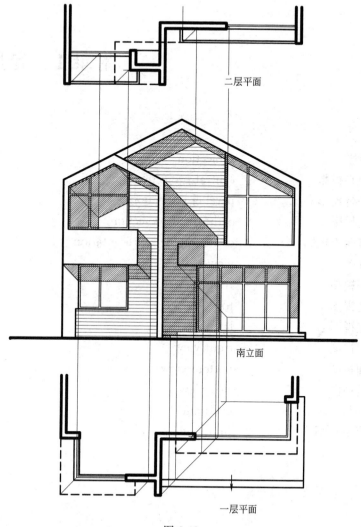

二层平面

南立面

一层平面

图 6-42

# 附录 1  专用名词中英文对照

|  |  |
|---|---|
| 投影 | projection |
| 中心投影 | central projection |
| 平行投影 | parallel projection |
| 正投影 | orthogonal projection |
| 多面正投影 | orthographic representation |
| 视图 | view |
| 正视图 | front view |
| 俯视图 | top view |
| 左视图 | left view |
| 右视图 | right view |
| 仰视图 | bottom view |
| 后视图 | rear view |
| 分角 | quadrant |
| 第一角画法 | first angle projection |
| 第三角画法 | third angle projection |
| 向视图画法 | reference arrows layout |
| 镜像投影画法 | mirrored orthographic representation |
| 平面图 | plan |
| 立面图 | elevation |
| 剖面图 | section |
| 总平面图 | site plan |
| 轴测图 | axonometry / parallel drawing |
| 正轴测投影 | orthogonal axonometric projection |
| 正等测图 | isometric drawing |
| 正二测图 | dimetric drawing |
| 正三测图 | trimetric drawing |
| 斜轴测投影 | oblique axonometric projection |
| 立面斜轴测 | elevation oblique |

| | | | |
|---|---|---|---|
| 水平斜轴测 | plan oblique | 视线 | sightline |
| 轴间角 | axes angle | 消失点 | vanishing point |
| 轴向伸缩系数 | coefficient of axial deformation | 量点 | measuring point |
| 透视投影 | perspective projection | 视锥 | cone of vision |
| 透视图 | perspective drawing | 一点透视 | one-point perspective |
| 画面 | picture plan | 二点透视 | two-point perspective |
| 地面 | ground plan | 三点透视 | three-point perspective |
| 地平线 | ground line | 阴影 | shadow |
| 视点 | station point | 高度角 | altitude |
| 视平线 | horizon line | 方位角 | azimuth |
| 视中心点 | center of vision | 明暗交界线 | shade line / casting edge |

# 附录 2　第 2 章主要例题的第一角画法

例题 2-1

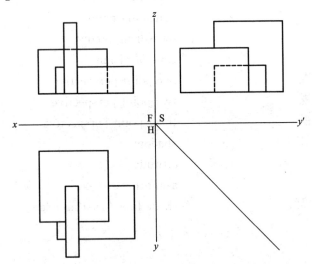

例题 2-2

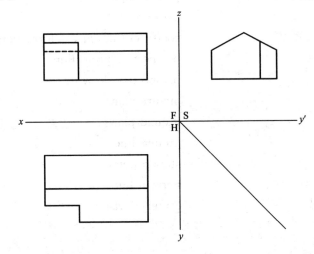

例题 2-3

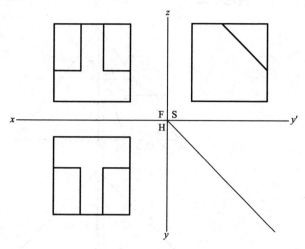

例题 2-4

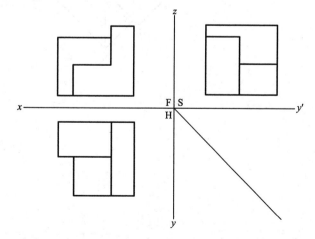

例题 2-7

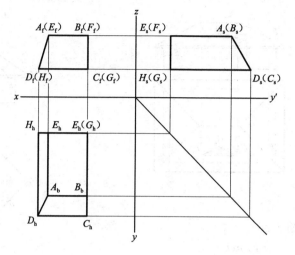

例题 2-13

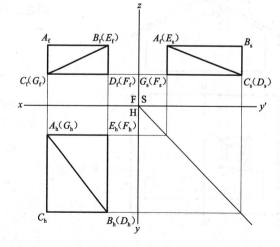

219

例题 2-23

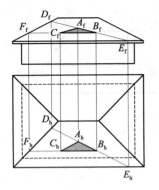

例题 2-26

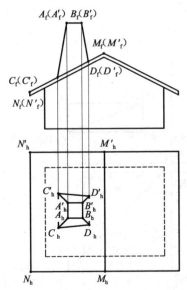

例题 2-28

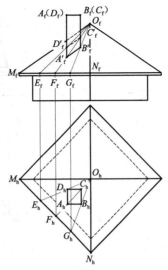

例题 2-30

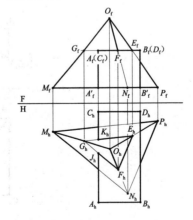

例题 2-32

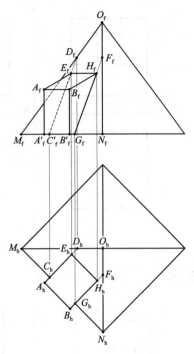

例题 2-34

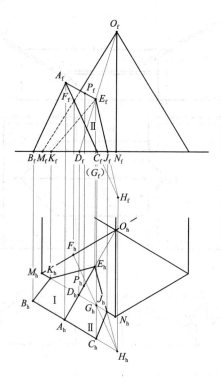

例题 2-35

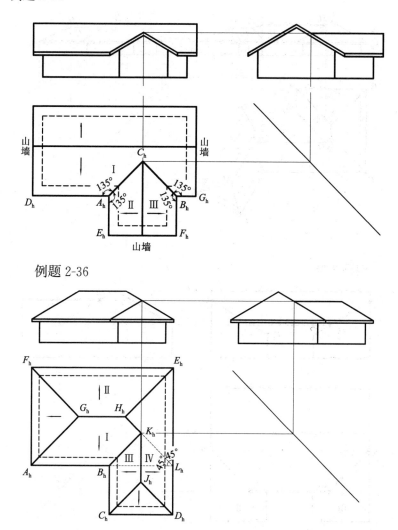

例题 2-36

例题 2-37

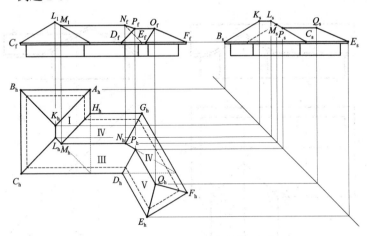

例题 2-39

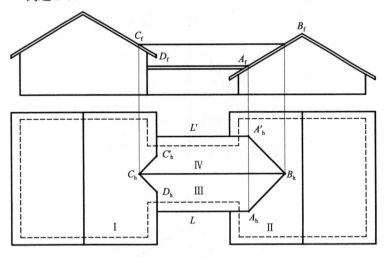

例题 2-38

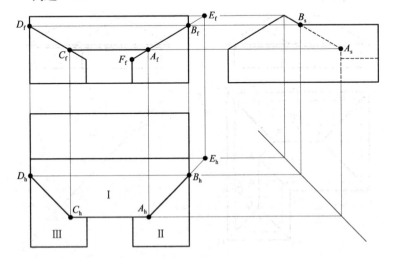

例题 2-40

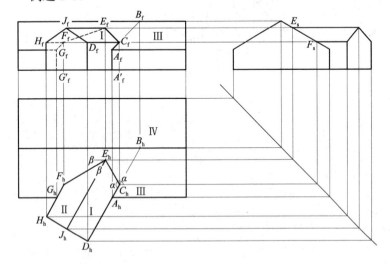

例题 2-46

例题 2-47

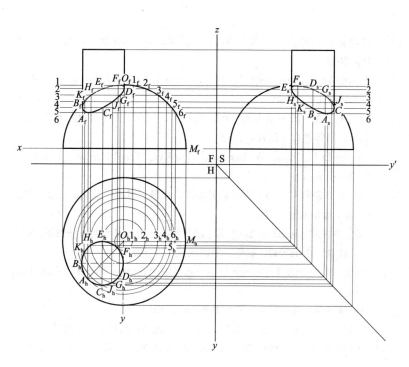

# 参 考 文 献


[1] 钟训正，孙仲阳，王文卿编著．建筑制图．南京：东南大学出版社，2002.

[2] Francis D. K. Ching with Steven P. Juroszek. Design Drawing. John Wiley & Sons，Inc，1998.

[3] [苏] C·A·弗罗洛夫著．画法几何学．北京工业学院制图教研室译．北京：高等教育出版社，1982.

[4] Francis D. K. Ching. Architectural Graphics. Third Edition. John Wiley & Sons，Inc，1996.

[5] [美] M·萨利赫·乌丁著．陆卫东译．建筑三维构图技法．北京：中国建筑工业出版社，1998.

[6] [美] 余人道（Rendow Yee）著. 建筑绘画—绘画类型与方法图解. 陆卫东，汪翎，申湘等译. 北京：中国建筑工业出版社，1999.

[7] Tomas C. Wang. Projection Drawing. Van Nostrand Reinhold Company，1984.

[8] 赖传鑑编译. 透视图法. 艺术图书公司，1976.

[9] 朱福熙，何斌主编. 建筑制图（第三版）. 北京：高等教育出版社，1992.

[10] 同济大学建筑制图教研室编. 画法几何. 上海：同济大学出版社，1985.

[11] 黄钟琏编著. 建筑阴影和透视. 上海：同济大学出版社，1990.

[12] 浙江大学工程制图教研室编. 画法几何. 杭州：浙江大学出版社，1985.

[13] 李成君编著. 实用透视图技法. 广州：岭南美术出版社，2001.

[14] 方海著. 20 世纪西方家具设计流变. 北京：中国建筑工业出版社，2001.

[15] [美] 奥斯卡·列拉·奥赫达编. 顾惠民译. 世界小住宅 8. 北京：中国建筑工业出版社，2000.

[16] Twentith-Century Musuems Ⅰ. Phaidon Press Limited，1999.

[17] 支文军，朱广宇编著. MARIO BOTTA 马里奥·博塔. 辽宁：大连理工大学出版社，2003.

[18] Light Structures-Structures of light. the art and engineering of tensile architecture. Horst Berger. Birkhäuser，1996.

[19] Masters 02. Francisco Asensio Cerver Arcoedit，1997.

[20] Museums for a New Millennium Concepts Projects Buildings. Vittorio Magnago Lampugnari and Angeli Sachs. Second edition. Prestel，2001.

[21] Renzo Piano Centre Kanak. Werner Blaser. Birkhäuser，2001.

[22] COX 建筑师事务所. Selected and Current Works. 宋哗皓，霍晓卫，胡林. 译. 澳大利亚 Image 出版公司. 北京：中国建筑工业出版社，2003 .

[23] Franko·Gery—the complete works Francesco Dal Kurt W. Forster the Monacelli Press，1998.

[24] James Stirling—Buildings and Projects James Stirling Micheal Wilford Associates Rizzou，1991.

[25] [美] 奥斯卡·列拉·奥赫达编. 吴葱译. 世界小住宅 7. 北京：中国建筑工业出版社，2000.

[26] FRANK LLOYD WRIHGT ARCHITECT. Robert McCarter PHAIDON Press Limited，1997.

[27] The Art of Architecture Illustratrion. RWP/ RP. Elite Editions，1993.